zeitGeist | 2

Koo van der Wal

Was treibt die Umweltkrise an?

Eine philosophische Erkundung

VERLAG KARL ALBER

Original: Koo van der Wal, Zoektocht naar de wortels van het milieuprobleem. Een filosofisch verhaal, Gompel & Svacina, Antwerpen 2023.

Die Deutsche Nationalbibliothek verzeichnet diese Publikation in der Deutschen Nationalbibliografie; detaillierte bibliografische Daten sind im Internet über http://dnb.d-nb.de abrufbar.

ISBN 978-3-495-99424-5 (Print)
ISBN 978-3-495-99425-2 (ePDF)

Onlineversion
Nomos eLibrary

1. Auflage 2023

Besuchen Sie uns im Internet
verlag-alber.de

Dank

Marion Busch hat das Manuskript Korrektur gelesen und viele Verbesserungen des Textes vorgeschlagen. Dafür möchte ich ihr aufs herzlichste danken.

Weiter bedanke ich mich gerne bei Herrn Dr. Willem Beekman und bei dem Verlag Christofoor für ihre Erlaubnis zur Übernahme des Textauszugs im Anhang.

Dieses Werk ist die deutsche Übersetzung des Werks: *Zoektocht naar de wortels van het milieuprobleem. Een filosofisch verhaal.* Gompel & Svacina, Antwerpen 2023.

Inhaltsverzeichnis

Einführung

Das Umweltproblem, d.h. das Problem unseres gestörten Verhältnisses zur Natur, hat sich inzwischen zu einer der größten Bedrohungen der modernen Gesellschaft entwickelt. Es wird daher regelmäßig als Krise bezeichnet. Da dieses Problem viele verschiedene Aspekte hat, beschäftigen sich mehrere Disziplinen damit. In der Philosophie hingegen ist das Interesse an diesem Thema erst spät und dann nur spärlich aufgekommen.[1] Da eine der Hauptaufgaben der Philosophie die Diagnose oder Deutung der eigenen Zeit ist, würde man erwarten, dass dieses Thema ganz oben auf der philosophischen Agenda stehen würde.

In der Tat erscheint es mir sehr aufschlussreich, das Umweltproblem gerade auch aus philosophischer Sicht zu betrachten. Schließlich geht es in der Philosophie um die Hintergründe und grundlegenden Vorstellungen der verschiedenen Praktiken und Diskurse. Also nicht so sehr um die konkreteren Aspekte, sondern um deren Grundstruktur oder Tiefengrammatik. Die Philosophie tritt also einen Schritt zurück, um einen weiteren Blick auf das Ganze zu erhalten, um den Wald zu sehen und nicht die einzelnen Bäume. Die Philosophie ist also in erster Linie eine generalistische und keine spezialisierte Disziplin, sie konzentriert sich somit auf den Überblick der Dinge.

Es stellt sich also die Frage, wie ein solcher Ansatz für die Umweltproblematik aussehen könnte. Die These dieses Buches ist, dass das Umweltproblem keine isolierte und abgeschottete Angelegenheit innerhalb der gesamten modernen Gesellschaft ist, die mehr oder weniger von ihren anderen Aspekten getrennt ist. Es

[1] Mit Ausnahme einer Minderheit von Denkern wie Hans Jonas, Arne Naess, Vittorio Hösle, Wouter Achterberg, Wim Zweers u.a.

ist vielmehr Ausdruck allgemeiner Merkmale des sozialen Systems als Ganzes, das heißt, seine Wurzeln reichen bis in tiefe Schichten der modernen Kultur.

Das Umweltproblem ist, anders ausgedrückt, kein Betriebsunfall der modernen Gesellschaft, ein Zustand, der in bedauerlicher Weise aus dem Ruder gelaufen ist, aber wenig über das Gesellschaftssystem als solches aussagt. Vielmehr erweist es sich zunehmend als ein strukturelles Versagen des Systems insgesamt, es ist sozusagen darin vorprogrammiert. Das zeigt sich besonders deutlich an der Unfähigkeit, eine wirklich wirksame Umweltpolitik zustande zu bringen. Ich spreche hier nicht von den niedrig hängenden Früchten wie der Verringerung der Luft- und Wasserverschmutzung, sondern von den ernsteren Problemen wie der globalen Erwärmung, dem Rückgang der biologischen Vielfalt und der Erschöpfung der Ressourcen. Die Tatsache, dass die derzeitigen Therapien nicht oder nur unzureichend anschlagen, deutet also darauf hin, dass die zugrunde liegende Diagnose versagt. Dabei wird meines Erachtens immer noch (zumindest implizit) davon ausgegangen, dass eine »Lösung« des aktuellen Umweltproblems im Rahmen der herrschenden Kultur und Gesellschaft möglich ist. Wenn dieses Problem jedoch in deren Struktur angelegt ist, wie die zentrale These dieses Buches lautet, dann ist die herrschende Umweltpolitik damit ein Wischiwaschi, kurzum, bei allen Teilerfolgen, die es sicherlich gibt, ein von vornherein zum Scheitern verurteilter Fall (dies zur großen Enttäuschung und Frustration all derer, die sich mit Herzblut für eine bessere Umwelt einsetzen). Es würde verständlich machen, warum es trotz aller Klimagipfel und -konferenzen aller Voraussicht nach nicht gelingen wird, die Erderwärmung auf zwei Grad (oder besser anderthalb Grad) zu begrenzen, obwohl man sich von der Notwendigkeit dazu, vor allem der vielen Naturkatastrophen in der letzten Zeit wegen, allmählich immer bewusster wird.

Nun ist die Umweltzerstörung an sich kein spezifisches Phänomen der modernen Kultur und Lebensweise. Im Gegenteil, es gibt viele Beispiele dafür auch in früheren Gesellschaften.[2] Aber das moderne Umweltproblem unterscheidet sich sowohl in quantitativer als auch in qualitativer Hinsicht von den früheren Fällen von Umweltzerstörung. Quantitativ: Es stellt sich heute als globales Phänomen von Pol zu Pol dar, während es früher nur auf regionaler Ebene auftrat. Schon das reine Ausmaß des modernen Umweltproblems unterscheidet sich von dem, was aus der Geschichte bekannt ist: Ganze Klimagürtel verschieben sich derzeit mit allen Konsequenzen für Flora und Fauna und nicht zuletzt für den Menschen. Regelmäßig warnen Experten vor der Veränderung oder gar dem Versiegen des warmen Golfstroms, vor einer Veränderung der Monsunbahnen und anderen klimatischen Entwicklungen, die weit über die regionalen Grenzen hinaus Konsequenzen haben. Vor allem aber unterscheidet sich das moderne Umweltproblem auch dadurch qualitativ von allen seinen Vorgängern, dass es, wie oben erwähnt, mit der gesamten Vorstellungswelt und Lebensweise des modernen Gesellschaftssystems, mit der Art und Struktur der modernen Kultur verbunden ist.

Tatsächlich tritt in der Übergangszeit vom Spätmittelalter zur frühen Neuzeit (14. bis 17. Jahrhundert) ein völlig neuer Gesellschafts- und Kulturtypus mit einem ganz eigenen Gesicht und einer

---

[2] Man denke beispielsweise an die irreparablen Umweltschäden, die durch die langfristige Überweidung durch Ziegenherden verursacht wurden, an die Abholzung der Zedern- und Zypressenwälder des Libanongebirges zur Zeit König Salomos (vgl. 1 Könige 5, 8ff; 6, 10f; 7, 2f) oder an die Abholzung der Berghänge in Palästina und Griechenland. In Platons unvollendetem Dialog *Kritias* (111a-e) gibt es zum Beispiel eine Passage, in der er den landschaftlichen Zustand von Attika in der Vergangenheit und in der Gegenwart vergleicht. Während die Hügel früher üppig bewachsen waren und einen fetten Boden hatten, sind sie heute aufgrund von Abholzung und Erosion karg und felsig. Schon damals wurde deutlich, wie schädlich der Eingriff des Menschen in die Natur sein kann. Zum Verhältnis von Mensch und Natur in der Antike siehe den instruktiven Aufsatz von Holger Sonnabend, »Mensch und Umwelt in der Antike«, in: *Umweltgeschichte in globaler Perspektive. Vortragsreihe des Historischen Seminars der Universität Erfurt* (hrsgg. von Thoralf Klein et al.), Erfurt 2010 (Hinweis von Dr. Jörg Dittmer). Aber auch in den Niederlanden kam es im siebzehnten Jahrhundert für den Bau der zahlreichen Schiffe der Ost- und Westindischen Kompanie zu einer großflächigen Entwaldung.

eigenen Mentalität auf den Plan. Der niederländische Historiker Jan Romein hat daher die moderne Gesellschaft und Kultur als einzigartig in der Landschaft der Kulturen charakterisiert, als die große Ausnahme vom Allgemein Menschlichen Muster (AMM), das trotz der großen Unterschiede an der Oberfläche die gemeinsame Grundstruktur aller vormodernen Kulturen anzeigt. Wenn also das moderne Umweltproblem in einem inneren Zusammenhang mit der Art der modernen Gesellschaft steht (siehe oben) und diese selbst in ihrer Art außergewöhnlich ist, dann gilt dies folglich auch für die moderne Umweltfrage. Mit anderen Worten: Eine Gesellschaft erhält das Umweltproblem, das sie »verdient«, sowie das mit Politik, Recht, Literatur, Kunst usw. der Fall ist.

Zur weiteren Charakterisierung des außergewöhnlichen Charakters der modernen Kultur nenne ich im Folgenden drei Begriffe, die, wie im Nachstehenden deutlich werden wird, miteinander verbunden sind. Sie bilden das Grundgerüst der modernen Lebens- und Denkweise (der ›Modernität‹). Es geht natürlich darum zu zeigen, wie eine Gesellschaft und Kultur, die diesem Muster folgen, eine ganz besondere Art und Weise entwickeln musste, in der Welt zu stehen und sich zu ihr zu verhalten, insbesondere auch zur Natur. Wie sie, wiederum nicht zufällig, sondern aus der Natur der Sache heraus, ein gestörtes Verhältnis zu ihrer natürlichen Umwelt haben würde.

Die für die moderne Kultur charakteristische Begriffstrias lautet: Mechanisierung des Weltbildes[3], Aktivismus und Anthropozentrismus. Der erstgenannte Begriff bezieht sich auf ein bestimmtes Naturverständnis, nämlich als ein Ensemble seelenloser, völlig passiver Dinge ohne Inneres, eigene Wahrnehmung und eigenes Streben, in dem alles mechanisch abläuft (daher die Bezeichnung dieses Naturverständnisses mit Metaphern wie »Automat«, »Maschine«, »Uhrwerk-Universum« und dergleichen). Durch die Brille dieser Naturauffassung betrachtet, degradierte sie von einem

---

[3] Der Ausdruck stammt aus dem Titel des Buches des niederländischen Historikers der Naturwissenschaft E.J. Dijksterhuis, *Die Mechanisiering des Weltbildes*, Springer, Berlin 1956.

»beseelten Verband« von Mitgeschöpfen (die vormoderne Naturauffassung) zu einem Lagerhaus von Ressourcen, die sich perfekt dazu eignen, vom Menschen gebraucht und ausgebeutet zu werden.

Der Mensch, wie das in den beiden anderen Schlüsselbegriffen zum Ausdruck kommt, steht in dieser Sicht der Dinge außerhalb der Natur. In der vormodernen Sichtweise, wie ich soeben dargelegt habe, ist er immer Teil der Natur, wenn auch auf eine völlig andere Weise aufgefasst, was selbstverständlich seine Haltung ihr gegenüber weitgehend bestimmte. In der modernen Sichtweise ist der Mensch, nachdem er den beseelten Verband der Natur verlassen hat, das einzige aktive Wesen in der Realität, das die (nunmehr tote) Natur als sein Jagdrevier betrachten kann, das ihm die Mittel zur Selbstentfaltung liefert. Mit anderen Worten: Alles wird nun unter dem Aspekt des Dienstes an seinen Interessen und Wünschen betrachtet (und genutzt!). Kurzum: in dieser Sicht der Dinge dreht sich alles um den Menschen (Anthropozentrismus).

In den folgenden Kapiteln wird diese für die moderne Kultur charakteristische Sichtweise in verschiedene Richtungen weiterentwickelt, immer im Hinblick darauf, was dies für die Sicht auf und die Einstellung zur Natur bedeutet. Ich gebe nun einen kurzen Überblick über den restlichen Inhalt des Buches.

Kapitel 1 zeigt, wie die moderne Kultur, getrieben von den oben genannten Kernideen, alles unter dem Gesichtspunkt seiner Herstellbarkeit, Berechenbarkeit, Vorhersagbarkeit, Planbarkeit und Kontrollierbarkeit betrachtet. Wie sie in diesem Zusammenhang einen operativen Wissensbegriff entwickelt (erkennbar ist nur, was von der Natur des Machbaren ist) und damit den Teppich für die Entwicklung einer durch die Technik dominierten Gesellschaft auslegt: ein nie zuvor gesehenes Schauspiel.

Kapitel 2 befasst sich mit dem Begriff des Maßes in der modernen Kultur bzw. mit dessen Fehlen. Die These ist, dass die zentrale Position des Menschen als normativer und wertbestimmender Instanz – der also kein Maß und keinen Wert außerhalb seiner selbst anerkennt – zu einer Kultur der Maßlosigkeit führen musste. Dies wiederum im Gegensatz zur Situation in vormodernen Kulturen, in denen zumindest theoretisch alles an ein von außen kommendes (meist höheren Ortes beschlossenes) Maß gebunden ist, das den Dingen »objektiv« innewohnt. Das moderne Umweltproblem erscheint hier als eine Frage der Maßlosigkeit, der Überforderung und Überlastung dessen, was die Natur verkraften kann. Hier wird auch sichtbar, dass eine Lösung des Nachhaltigkeitsproblems in erster Linie von der Nachfrageseite kommen muss, d.h. von der Begrenzung dessen, was wir der Natur abverlangen, und nicht so sehr von der Angebotsseite, etwa durch den Einsatz fortschrittlicher Technologien (obwohl selbstverständlich auch das). Das Streben nach einer nachhaltigen Gesellschaft auf dem letztgenannten Weg ist ein Ding der Unmöglichkeit, wenn der ungezügelte Expansionismus, der das gegenwärtige Gesellschaftssystem kennzeichnet – wie Wachstum, größer, schneller, weiter usw. –, unangetastet bestehen bleibt.

In diesem Sinne wird in Kapitel 3 erläutert, dass die Maßlosigkeit der modernen Kultur mit einem äußerlichen Konzept des Wohlbefindens verbunden ist, das im Zeichen von ›Haben‹ steht, von der Möglichkeit, über externe Güter zu verfügen und sie zu nutzen, die selbstverständlich aus der natürlichen Umwelt stammen müssen. Das Wohlergehen wird hier also mit dem »Leben im Wohlstand« identifiziert, um Brechts Worte aus dem Motto über diesem dritten Kapitel zu verwenden. In dieser Sichtweise wird das Streben nach einem »guten Leben« voll und ganz auf den Bereich der externen Ressourcen verlagert. Kein Wunder, dass dies zu einem konsumorientierten und materialistischen, »nach außen gerichteten« (*outer-directed)* Lebensstil führt, der einen hohen Anschlag auf die Ressourcen und Potenzen der Natur beinhaltet. Dies wiederum führt zu der Feststellung, dass die Nachhaltigkeit der Gesellschaft eine Fata Morgana ist, wenn dieses, oft implizit vertretene, Wohlfahrtskonzept intakt bleibt.

Kapitel 4 befasst sich mit der modernen Wirtschaft, die allgemein und zu Recht als einer der bestimmenden Faktoren der modernen Gesellschaft gilt. Diese moderne Wirtschaft, als soziales System und als Wissenschaft, weist ebenfalls alle Merkmale des sozialen Systems als Ganzes auf: Sie betrachtet alles als in diesem

Fall handelbares Material, dient nur den menschlichen Wünschen und Bestrebungen, steht im Zeichen der Berechenbarkeit und Planbarkeit, wird von einem Geist der Maßlosigkeit angetrieben, usw. In dieser Form ist die Wirtschaft eines der größten Hindernisse auf dem Weg zu einer nachhaltigeren Gesellschaft, noch abgesehen davon, dass sie hohe menschliche Kosten mit sich bringt. Daher befinden sich die politischen Entscheidungsträger häufig in einem Spagat zwischen Ökonomie und Ökologie, wobei letztere in der Regel den Kürzeren zieht.

Wie sich herausstellt, entwickeln sich die Gedankengänge in den verschiedenen Kapiteln auf unterschiedlichen Wegen zu der gemeinsamen Diagnose, dass die so charakterisierte moderne Gesellschaft von Natur aus nicht nachhaltig ist und auch nicht nachhaltig gemacht werden kann, wenn ihre charakteristische Tiefenstruktur beibehalten wird. Wenn diese Gesellschaft nicht in einen großen Ökozid mit all seinen Folgen abgleiten soll, so braucht sie einen Übergang zu einem *anderen Gesellschaftstypus* mit einer anderen Grundstruktur und einem anderen »Narrativ«.

So viel zur Diagnose der Umweltproblematik aus philosophischer Sicht. Zu einer Diagnose gehört eine Therapie, zumindest ein Hinweis auf ihre Richtung. Nun wäre es höchst anmaßend, ein Rezept für eine nachhaltige Gesellschaft geben zu wollen. Aber aus den Analysen in den verschiedenen Kapiteln, so skizzenhaft sie auch sein mögen, lassen sich Ideen ableiten, wie die Marschrichtung zu einer solchen nachhaltigeren Gesellschaft und Kultur aussehen könnte. Es wäre schon viel gewonnen, wenn erste Konturen und Meilensteine sichtbar gemacht werden könnten. Der Versuch dazu wird in den verschiedenen Kapiteln unternommen. So würde, um nur einige Dinge zu nennen – für die meisten davon verweise ich auf die folgenden Texte selbst – eine Gesellschaft, die nicht länger wegen ihrer Maßlosigkeit und ihres Unendlichkeitsstrebens auf Kollisionskurs mit der Natur läge, wieder von Maß und Gleichgewicht geprägt sein sollen. Und zwar als Ganzes, das heißt, dass es ein Merkmal der gesamten Grundstruktur dieser anderen Gesellschaftsform sein würde. Mäßigung im Umgang mit unserer natürlichen Umwelt hat keine Chance, wenn sie nicht ein

Grundzug der Kultur überhaupt ist. Dies entspricht der bereits geäußerten Auffassung, dass das Umweltproblem keine isolierte Angelegenheit innerhalb der gesamten modernen Gesellschaft ist, sondern mit ihrem gesamten Grundmuster zusammenhängt.

Maß und Ausgewogenheit wiederum sind ebenso wenig separat erhältlich, hängen also ebenfalls mit der Grundstruktur der Kultur als Ganzes zusammen. Sie können nur mit einer veränderten Vorstellung vom menschlichen Wohlbefinden einhergehen. Indem dieses nicht mehr vorrangig in einer auf äußere Güter gerichteten Bedürfnisbefriedigung gesucht wird, sondern indem die Menschen es in sich selbst, in Erfahrungen von Schönheit in Literatur, Kunst und Natur (wo sie nicht »gebraucht«, sondern genossen wird), in erfüllten sozialen Beziehungen usw. finden. Kurzum, dies impliziert eine deutliche Verschiebung von einer *nach außen gerichteten (outer-directed)* Haltung des ›Habens‹ zu einer *nach innen gerichteten (inner-directed)* Haltung des ›Seins‹.

Eine solche stärker verinnerlichte Kultur würde auch der Technologie und der Wirtschaft eine untergeordnetere Rolle zuweisen. Sie würde jenen Phänomenen im menschlichen Dasein besondere Aufmerksamkeit schenken, die sich ihrer Natur nach nicht »konstruieren« und planen lassen, wie Glück, Freude, Autorität, Respekt, Integrität, Authentizität, Vertrauen, tief verwurzelte Überzeugungen, Weisheit, Freundschaft und vor allem Liebe. Sie gehören denn auch nicht in den Bereich des planbaren Anonymen und Unpersönlichen, sondern in den Bereich des Persönlichen.

Eine willkommene Unterstützung für obige Überlegungen findet sich in faszinierenden Entwicklungen der neueren Natur- und Biowissenschaften. Diese haben sich nämlich zunehmend von der mechanisierten Weltsicht entfernt, die, wie bereits erwähnt, ein wesentlicher Faktor für die moderne Einstellung zu unserer natürlichen Umwelt und der damit verbundenen Praxis ihrer Ausbeutung war. In der sich nun herauskristallisierenden Sicht der Natur erweist sie sich durchaus nicht als ein totes, passives und geistloses Ding, sondern als eine dynamische, schöpferische, innovative und facettenreiche Größe, die vor allem in ihren höheren

Erscheinungsformen wie Ordnungsmustern, Bedeutungen und Information von Selbst- und »Geist«-sein zeugt.

Damit erhält die Natur ein radikal anderes Aussehen, ist sie uns weniger fremd, als wie sie es in der Vorstellung des mechanisierten Weltbildes war. Es stellt sich heraus, dass sie eine ganze Reihe von Eigenschaften besitzt, die wir Menschen, zwar auf eine ganz besondere menschliche Art und Weise, in uns selbst wiederfinden. Wir können uns mit ihr verwandt fühlen, insbesondere mit anderen Lebensformen wie Tieren und Pflanzen, nicht zuletzt auch mit Landschaften. Im Kapitel 5 findet sich hierüber eine nähere Darstellung.

Einer solchen Natur, jedoch wiederum einer ganz anderen Natur als der des mechanisierten Weltbildes, kann sich der Mensch auch wieder zugehörig fühlen. In dieser Sichtweise kann sie mit anderen Worten wieder seine Heimat sein. Das hat zwangsläufig einen großen Einfluss auf seine Einstellung und seinen Umgang mit ihr. Sie kann dann nicht mehr nur ein Lagerhaus von Ressourcen sein, das in einer distanzierten Haltung ausgebeutet und ausgewertet wird. Im Gegenteil ist sie dann, wie gesagt, auch und vor allem ein Verwandtschaftsverband, der ein Mitsein mit der Umwelt beinhaltet. Dies entspricht Erfahrungen, die auch unter dem Regime der mechanisierten Weltanschauung immer im Menschen lebendig geblieben sind, jedoch an den Rand gedrängt und verschneit wurden, nun aber die Chance haben, wieder hervorzutreten. Diese Erfahrungen und Gefühle können nicht anders, als uns zu einem umsichtigeren und schonenderen Umgang mit unserer natürlichen Umwelt zu führen.

Wenn sich ein solcher Wandel im Denken und Erleben im allgemeinen Bewusstsein durchsetzen und für die Praxis unserer Kultur bestimmend werden würde, wäre er mit allem, was er mit sich bringt, die wirkliche Antwort auf die Umweltproblematik.

Kapitel 1. Brauchen wir eine neue kopernikanische Wende?

Suche nach den philosophischen Wurzeln des Umweltproblems

Wie in der Einleitung erwähnt, hat unsere abendländische Kultur beim Übergang vom Spätmittelalter zur frühen Neuzeit eine radikale Verwandlung erfahren. In mehrfacher Hinsicht – sozial, kulturell, politisch, religiös und wissenschaftlich – wurden damals die Weichen gestellt, die aus der vormodernen, überwiegend agrarischen Gesellschaft die moderne westliche bürgerlich-urbane Gesellschaft hervorbrachten. Teil dieser Entwicklung war die Entstehung einer neuen Sicht der Natur und einer damit verbundenen neuen Art des Umgangs mit ihr. Dies legte den Grundstein für den beispiellosen Siegeszug der modernen Naturwissenschaft und Technik in den letzten Jahrhunderten. Die Kehrseite davon war, dass die Natur durch die Linse der neuen Sichtweise auf die Natur (die, wie gesagt, als »mechanisierte Weltsicht« bezeichnet wird) von einem beseelten Verband von Mitgeschöpfen zu einem Lagerhaus von Ressourcen degradiert wurde, das der Mensch nach Belieben ausbeuten konnte. Damit wurde auch der Grundstein für das Umweltproblem, das im Laufe des letzten Jahrhunderts ein immer größeres Ausmaß angenommen hat, gelegt.

Ziel der folgenden Überlegungen ist die Suche nach den philosophischen Wurzeln des sozialen und kulturellen Erdrutsches, den die westeuropäische Gesellschaft beim Übergang von der vormodernen zur modernen Phase erlebte, insbesondere auch im Hinblick auf die stark veränderte Einstellung zur Natur. Mit anderen Worten, was waren aus philosophischer Sicht die Faktoren, die zur Entstehung der »Moderne« mit der sie kennzeichnenden spezifischen Mentalität, Denk- und Lebensweise geführt haben?

Um festzustellen, was hier geschah, muss man Folgendes bedenken (ich werde noch ausführlicher darauf zurückkommen): Die europäische Gesellschaft wurde bis tief ins Mittelalter hinein von den beiden Klassen des Klerus und des Adels beherrscht, bis ins zwölfte Jahrhundert hinein mit Ablegern bis viel später. Beide waren mit höheren Dingen befasst, der Klerus mit der sakralen Wirklichkeit, die unsere gewöhnliche Realität überwölbt. In dieser Sichtweise steht das gesamte Zusammenleben im Zeichen der (christlichen) Religion. In der Tat bezeichnet sich die mittelalterliche europäische Gesellschaft als *respublica christiana,* als christliches Gemeinwesen. Der christliche Charakter dieser vormodernen abendländischen Gesellschaft ist somit ihr bestimmendes Merkmal. Dementsprechend hatte die geistliche Kaste einen immensen Einfluss auf das soziale und politische Leben in Europa.

Daneben war die europäische Gesellschaft lange Zeit eine adlige Gesellschaft. Die Adligen stellten die weltlichen Verwalter auf allen Ebenen, vom Kaiser und König bis zum Freiherrn und Knappen. Auch hier beschäftigt man sich also nicht mit gewöhnlichen alltäglichen Angelegenheiten, sondern mit Dingen höherer Ordnung.

Bereits mit dem Aufstieg der Städte im späteren Mittelalter übernahm das Bürgertum oder die dritte Klasse die Initiative auf kulturellem Gebiet der beiden anderen Klassen. Literatur, Kunst, Recht, Wissenschaft, um nur diese zu nennen, weisen zunehmend eine bürgerliche Prägung auf. Die moderne europäische Kultur muss daher ohne Frage als bürgerliche Zivilisation eingestuft werden. Adel und Klerus mögen noch lange Zeit eine bedeutende Rolle in der modernen europäischen Geschichte spielen. Dennoch werden sie allmählich aus der Mitte der Gesellschaft an die Peripherie verdrängt. Und die bürgerliche Geistes- und Lebenshaltung wurde für die moderne Gesellschaft immer wichtiger.

Dabei erfährt diese Gesellschaft, wie angedeutet, eine immense Wendung. Alle Parameter des Lebens und Denkens, die für die vormoderne Art des Zusammenlebens typisch waren, werden ins Gegenteil verwandelt. Mit anderen Worten: Alles wird unter einem umgekehrten Vorzeichen gelesen, weshalb ich diesen kulturellen Umbruch auch als »Umkehrung der Welt« bezeichnet habe.[4] Wurde einst das Gewöhnliche und Niedere im Lichte des Höheren und als deren Abschattung aufgefasst, nun bildet das Gewöhnliche und Niedere den Normalfall und wird das so genannte Höhere auf das Gewöhnliche reduziert. Das Gewöhnliche wird also normativ; es braucht auch nicht mehr die Weihe einer höheren Wirklichkeit. Kein Wunder, dass die Religion auf diese Weise ihre übergreifende Stellung verliert. Allmählich befreien sich Wissenschaft, Kunst, Recht, Politik und Wirtschaft von ihrer Vorherrschaft. Um ein Beispiel von vielen Möglichen zu nennen: In seiner hervorragenden Studie *Philosophie der Landschaft* schreibt Ton Lemaire über die niederländische Landschaftsmalerei:

»Wenn man diese vielen niederländischen Landschaften an seinem Auge vorbeiziehen lässt, drängt sich unwillkürlich eine Stimmung der Ruhe, des Vertrauens und der Zufriedenheit auf. Die dargestellte Landschaft ist ohne die Teufel und Monstrositäten des Bosch-Jahrhunderts, meist auch ohne biblische Gestalten und ohne Figuren aus jener anderen abendländischen Mythologie, der griechischen (...) Die holländische Landschaft ist somit die erste völlig weltliche, irdische Landschaft, die von allen mythologischen Anhängseln und Bezügen befreit und nicht idealisiert ist. Sie ist die endgültige Emanzipation der gewöhnlichen, alltäglichen Landschaft, der Welt des Menschen (...). Der Mensch hat es geschafft, sich in einem profanen Raum zu etablieren.«[5]

Damit entsteht, wie erwähnt, ein völlig neuer Kulturtypus, auch wenn es Jahrhunderte dauern wird, bis die neuen Tendenzen die Gesellschaft flächendeckend durchdringen. Aber nicht nur, dass hier am Übergang vom Spätmittelalter zur Frühen Neuzeit eine

---

4 Siehe meine Studie *Die Umkehrung der Welt. Über den Verlust von Umwelt, Gemeinschaft und Sinn,* Königshausen & Neumann, Würzburg 2004, insbesondere die Kapitel 1–3.

5 Ton Lemaire, *Philosophie der Landschaft,* Ambo, Baarn 1996[6], S. 32f.

völlig neue kulturelle Konstellation entsteht, sie ist auch in der Landschaft der Kulturen ganz außergewöhnlich. Der niederländische Historiker Jan Romein – es wurde bereits in der Einleitung erwähnt – hat die moderne Kultur wiederholt als die große Ausnahme vom Allgemein Menschlichen Muster (AMM)[6] bezeichnet. Mit diesem Ausdruck weist er auf die gemeinsame Tiefenstruktur aller vormodernen Zivilisationen hin, trotz ihrer im Vordergrund stehenden oft großen Unterschiede. Tatsächlich vollzieht sich hier beim Übergang von der Vormoderne zur Moderne ein tiefgreifender Wandel in der Betrachtungsweise der Dinge. Exemplarisch dafür ist die Ablösung des geozentrischen durch ein heliozentrisches Weltbild durch Kopernikus als Teil eines neuen Weltbildes im Allgemeinen. Deshalb kann man diesen gesamten Perspektivwechsel mit gutem Grund als kopernikanische Wende bezeichnen.

Die kopernikanische Wende

Der deutsche Philosoph Immanuel Kant (1724–1804) hat den Begriff »kopernikanische Wende« geprägt. Nach dem Vorbild von Kopernikus hält Kant auch in der Philosophie einen analogen Perspektivwechsel für notwendig. Nämlich durch die Umkehrung des Verhältnisses von Erkenntnis und Erkenntnisobjekt. Bisher war man der Ansicht, dass sich das Wissen seinem Gegenstand zuwendet und versucht, ihn möglichst getreu in Begriffen abzubilden – man kann dies als einen kontemplativen Wissensbegriff bezeichnen. Aber nach Kants Ansicht werden wir so nie zu einer sicheren und unanfechtbaren Erkenntnis gelangen, sondern für immer in Vermutungen und Spekulationen verharren, also in der unheilvollen Situation, in der sich die Philosophie seit jeher befindet. Wenn sie jemals erfolgreich sein will, wenn sie den Status einer Wissenschaft erlangen will, muss sie Kant zufolge eine völlig andere Erkenntnisstrategie verfolgen als bisher. Nicht mehr das

[6] Jan Romein, »Die europäische Geschichte als Abweichung vom allgemeinen menschlichen Muster«, in: Id., *Im Bann von Prambànan,* Amsterdam 1954. 23–57.

Wissen muss sich dem Gegenstand anpassen, sondern umgekehrt muss sich der Gegenstand des Wissens den Bedingungen des erkennenden Subjekts anpassen. In Kants eigenen Worten:

»Bisher nahm man an, alle unsere Erkenntnis müsse sich nach den Gegenständen richten; aber alle Versuche, über sie a priori etwas durch Begriffe auszumachen, wodurch unsere Erkenntnis erweitert würde, gingen unter dieser Voraussetzung zunichte. Man versuche es daher einmal, ob wir nicht in den Aufgaben der Metaphysik damit besser fortkommen, dass wir annehmen, die Gegenstände müssen sich nach unserer Erkenntnis richten. (...) Es ist hiermit ebenso als mit den ersten Gedanken des Kopernikus bewandt, der, nachdem es mit der Erklärung der Himmelsbewegungen nicht gut fort wollte, wenn er annahm, das ganze Sternenheer drehe sich um den Zuschauer, versuchte, ob es nicht besser gelingen möchte, wenn er den Zuschauer sich drehen, und dagegen die Sterne in Ruhe ließ.«[7]

Bis hierher scheint es sich um eine rein erkenntnistheoretische Angelegenheit zu handeln, die auf den ersten Blick nicht sehr spannend ist. Aber täuschen Sie sich nicht, Wissenskonzeptionen sind nie darauf beschränkt. Ein Begriff des Wissens spiegelt immer zugleich einen Begriff des Wissensgegenstandes wider; sie beziehen sich wechselseitig aufeinander. Schon bei Kant ist das nicht anders. Der Anspruch seines Wissensbegriffs erweist sich als viel umfassender als nur den Bereich des Wissens betreffend, sondern hat Auswirkungen auf seine gesamte Philosophie. Was seine Wirklichkeitstheorie oder Ontologie (Lehre vom Sein) betrifft: Die Wirklichkeit und damit die Natur, um die es mir im Rahmen dieses Kapitel geht, wird (ihrer Erscheinungsseite nach) durch das erkennende Subjekt bestimmt. So kann Kant sogar schreiben, dass nicht die Natur uns ihre Gesetze diktiert, sondern dass umgekehrt

[7] Kant, Kritik der reinen Vernunft, *Immanuel Kants Werke,* hrsgg. von Ernst Cassirer, III, 18.

wir ihr dies tun.[8] Aber nicht weniger vollzieht Kant in seiner Moralphilosophie eine kopernikanische Wende: Auch im Bereich der Moral sind wir seiner Ansicht nach nicht mehr, wie bisher, Normempfänger, sondern Normsetzer, Gesetzgeber.

Diese gesamte Philosophie verlagert also die Initiative auf das aktive Subjekt. Sie bringt damit eine neue Art des In-der-Welt-Seins zum Ausdruck: die der abendländischen Moderne. Kant kann als einer der Philosophen schlechthin der Moderne verstanden werden; er bringt also, um es mit Hegels Worten zu sagen, seine Zeit auf ihren Begriff. In Kants Philosophie spiegelt sich die umfassende kopernikanische Wende, die die Moderne im Verhältnis zu vormodernen Denkweisen und Kulturen vollzieht, insbesondere auch, wie oben erwähnt, im Hinblick auf die Auffassung und Einstellung zur Natur.

Die vormoderne-mythische Sicht der Dinge

Um noch einmal vor Augen zu führen, wie tiefgreifend die kopernikanische Wende unserer Kultur im Übergang von der Vormoderne zur Moderne und damit der Wandel des Naturbildes ist, stelle ich nun systematischer die vormoderne und die moderne Wirklichkeitsauffassung einander gegenüber. Es geht dann um eine idealtypische Skizze der beiden Realitätsbilder, die ich respektive als vormodern-mythisch bzw. klassisch-modern bezeichne.

Ich fange mit einem Abriss der vormodernen mythischen Wirklichkeitsauffassung (bzw. des AMM) an.

1.

Praktisch alle vormodernen Gesellschaften sind durch das Primat der Religion (im weitesten Sinne) gekennzeichnet. Sie sind, um

---

8 Kant, »Prolegomena zu einer jeden künftigen Metaphysik, die als Wissenschaft wird auftreten können«, *Kants gesammelte Schriften,* Akad.-Ausg. Bd. IV, Berlin 1903, S. 320.

es mit den Worten des Religionssoziologen Peter Berger zu sagen, von einem himmlischen Baldachin überwölbt. Unsere vormoderne abendländische Gesellschaft bezeichnete sich, wie bereits erwähnt, als *respublica christiana,* als christliches Gemeinwesen. Alle Bereiche des Zusammenlebens – Recht, Moral, Wirtschaft, Bildung, Kunst, Handwerk, soziale Beziehungen – sind in dieser Sichtweise Zweigstellen der Religion und tragen ihr Merkzeichen.

In der Religion geht es immer um das Wirken höherer Mächte, wie weiter auch gedacht. Nun, in religiöser Perspektive wurde die Welt einst von höheren Mächten in Ordnung gebracht, von Göttern, Ahnen, Kulturhelden und dergleichen, die damit auch den Sinn von allem festlegten. In dieser Sichtweise steht alles an seinem sogar natürlich zu nennenden Ort. An diesem gegebenen Charakter der Dinge darf nicht gerüttelt werden, auf die Gefahr hin, Unheil auf sich herabzurufen. Die Dinge sind ein für allemal festgelegt, und es liegt an uns, die Realität so gut wie möglich intakt zu lassen. Für menschliche Eigeninitiativen und eigene Entscheidungen sind die Spielräume in dieser Sichtweise sehr eng. Der bereits erwähnte Peter Berger hat deshalb die vormoderne Lebens- und Denkweise als eine der »Gegebenheit« charakterisiert, als Respekt vor der Gegebenheit der Dinge, im Gegensatz zur modernen Haltung, die eine der »Wahl« und des Wandels ist[9], ich greife damit späteren Ausführungen vor. Auch das Wissen, so wurde bereits angedeutet, zielt in vormoderner Perspektive nicht darauf ab, die Dinge zu verändern. Im Gegenteil, es richtet sich nach den Dingen, will sie ihrer Natur entsprechend möglichst getreu in Begriffen und Darstellungen abbilden. Das vormoderne Denken bedient sich also, wie erwähnt, eines kontemplativen Wissensbegriffs.

Eine der Implikationen des Gegebenseins von allem, was existiert, ist, dass alles durch ein inhärentes Maß und Gleichgewicht gekennzeichnet ist. Die Grenzen und Konturen von allem sind festgelegt; alles gehorcht gesetzten Regeln. Maßlosigkeit ist dieser Sicht der Dinge völlig fremd.

---

[9] Peter Berger, *Pyramids of Sacrifice. Political Ethics and Social Change,* Penguin, Harmondsworth, Middlesex 1977, S. 196.

2.

Nach vormoderner Auffassung ist die Wirklichkeit ein einziges großes kosmisches Familienbündnis oder Gemeinwesen aus allem, was existiert, einschließlich des Menschen. In dieser Sichtweise ist alles mit allem verbunden, wie der indianische Häuptling Seattle plastisch zum Ausdruck bringt:

> »Die duftenden Blumen sind unsere Schwestern, das Rentier, das Pferd, die großen Adler unsere Brüder. Die Schaumköpfe im Fluss, der Saft der Wiesenblumen, der Schweiß des Ponys und des Menschen, das alles ist von derselben Gattung. (...) Alles hängt zusammen wie das Blut, das eine Familie zusammenhält. Alles hängt mit allem zusammen.«[10]

Aber hat nicht auch Franz von Assisi in seinem Sonnengesang die Sonne, den Mond, den Wind, das Wasser und das Feuer als seine Brüder und Schwestern bezeichnet, und die Erde sogar als seine Mutter? Auch die Märchen aus allen Teilen der Welt atmen diese Sicht der Dinge, alles kann sich sogar in alles verwandeln, zum Beispiel zur Strafe Menschen in Steine oder Frösche, wie die vielen Geschichten von Metamorphosen zeigen. Noch in der Lehre von der Seelenwanderung findet sich diese Sichtweise der Verwandtschaft allen Seins wieder.

Auch die vormoderne abendländische Philosophie folgt, wenn auch in differenzierter Weise, dieser Denkrichtung. Bei Aristoteles, den Stoikern, den Neuplatonikern, den mittelalterlichen Philosophen gehört alles, auch Gott, zur großen Familie des Seins, wenn auch auf unterschiedliche Weise: Es wird nämlich zwischen Seinsstufen unterschieden. Aber dennoch. So wird Gott als dem »ens perfectissimum«, dem vollkommensten Wesen, der höchste Platz in der Gemeinschaft allen Seins zugewiesen. Aber nach der Lehre der »analogia entis«, der Analogie des Seins, entsprechen wir Menschen und alle Geschöpfe der göttlichen Seinsweise in demselben

---

[10] Zitiert bei Roger Moody, *Indiginous Voices: Visions and Realities*. Zed Books, London, New Jersey 1988, S. 40–50.

Maße, wie wir uns zugleich von ihr unterscheiden. Spinoza bedient sich einer ähnlichen Denkweise, und zwar, dass wir endlichen Wesen Anteil an dem unendlichen göttlichen Wesen haben.

Wir Menschen sind also auch aus philosophischer Sicht Teil der großen Familie des Seins. So kann Adam Smith in seinem Buch »*The Theory of Moral Sentiments*« in Bezug auf die Weltanschauung der Stoiker schreiben: »Der Mensch sollte sich nach den Stoikern nicht als etwas Abgesondertes und Abgetrenntes betrachten, sondern als Bürger der Welt, als Mitglied des großen Gemeinwesens der Natur.«[11] Und da der Mensch in dieser Sichtweise Teil des kosmischen Ganzen ist, sollte er sich auch der dort herrschenden Ordnung anpassen, sollte er im Einklang mit der Natur leben, wie es die basale Lebensregel der Stoiker ist.

Da alles und Jeder zu dieser großen Seinsgemeinschaft gehört, ist die Welt ein Zuhause für Alle. Überdies ist diese Seinsgemeinschaft eine Kommunikationsgemeinschaft: Alles spricht eine Sprache und kann von allem und Jedem verstanden werden, zumindest im Prinzip, jedenfalls von etwa Schamanen, Wahrsagern, Priestern, usw., die in das höhere Wissen eingeführt wurden. Von Franziskus wird zum Beispiel erzählt, dass er den Vögeln und den Fischen predigte. Aber auch die Welt der Märchen ist ein beredtes Zeugnis für den kommunikativen Charakter dieser Wirklichkeitsauffassung.

3.

In dieser Sicht der Wirklichkeit hat alles einen tieferen Sinn und Zweck. Nichts fällt also mit seiner oberflächlichen Erscheinung zusammen, sondern verweist auf diesen tieferen Sinn und muss auf ihn hin untersucht werden. Wie Schiller in seinem Gedicht »Die Götter Griechenlands« schreibt: »Alles wies den eingeweihten Blicken, alles eines Gottes Spur.«

---

[11] Adam Smith, *The Theory of Moral Sentiments,* (mit einer Einführung von E.G. West), Liberty Classics, Indianapolis 1976, III,3,10.

Wir haben es hier also mit einer symbolistischen Wirklichkeitsanschauung zu tun: Die Wirklichkeit ist ein großes Netz von Symbolen und Bedeutungen, nichts ist reine Faktizität. Alles erscheint hier in einem höheren Licht, wird also von oben her gedeutet. Das Höhere hat in dieser Perspektive durchgängig den Primat. Zum Beispiel geht es in der vormodernen Literatur immer um besondere Figuren, um Könige, Helden, Heilige, geistige Führer und dergleichen, und selten, wenn überhaupt, um den gewöhnlichen Mann bzw. die gewöhnliche Frau oder alltägliche Situationen. Diese besonderen Personen haben eine spezielle Beziehung zu höheren, numinosen Mächten, daher ihre offensichtliche Legitimität.

Diese symbolistische Sicht der Wirklichkeit ist ansonsten äußerst poetisch und farbenfroh. Alles ist hier von einer frischen Konkretheit und Anschaulichkeit; für Abstraktionen ist in dieser Sichtweise kein Platz. Die sehr anschauliche Denkweise der amerikanischen Indianer kann als Beispiel dienen. Sie arbeiten nur in einem sehr begrenzten Rahmen mit abstrakten Begriffen – »abstrakt« allerdings im wörtlichen Sinne von »abgezogen«, die vielen Besonderheiten weglassend. So sprechen sie nicht von einem Baum im Allgemeinen, sondern immer von einer Eiche, einer Buche, einem Ahorn usw.; nicht von einem Fisch im Allgemeinen, sondern von einer Forelle, einem Aal oder einer Barbe; nicht vom Essen im Allgemeinen, sondern vom Verzehr einer Suppe oder eines Breis, bei dem man die Zähne nicht benutzt, oder vom Verzehr von Fleisch, bei dem man sie benutzt. Die Indianer sprechen nicht vom Gehen im Allgemeinen, sondern unterscheiden mindestens acht Arten des Gehens, je nachdem, ob man auf dem Weg zu einem Ort ist, dort ankommt, während man dort lebt oder nicht, und so weiter. Kurzum, diese Denkweise bleibt sehr nah an den konkreten Phänomenen mit ihrem Reichtum an qualitativen Eigenschaften, was ihrem Denken und Sprechen eine ausgesprochen poetische Färbung verleiht.

Aber wenn hinter allem ein tieferer Sinn steckt, dann passiert hier auch nichts »einfach so«. Der Zufall hat in dieser Sicht der Dinge keinen Platz. Kurzum: Die Wirklichkeit ist hier von Sinn durchdrungen, ist ein sinnvolles Ganzes. Ein Sinnlosigkeitsproblem kennt man hier also nicht oder allenfalls nur am Rande.

4.

Die Wirklichkeit ist in dieser vormodernen Perspektive eine eminent lebendige Wirklichkeit; alles lebt und strebt hier. Leben ist hier der Normalzustand, der Tod dagegen eine zu erklärende Abnormität, wie es in vielen Mythen geschieht. Dieser Kosmos als belebter Verband kennt denn auch keine rein anonymen Prozesse. Im Gegenteil, alles hat einen Handlungscharakter, hinter allem, was geschieht, stehen Akteure mit ihren Motiven und Absichten. Wenn sich also unerwartete und vor allem katastrophale Dinge ereignen wie Epidemien, Überschwemmungen, Dürreperioden usw., müssen die in das höhere Wissen Eingeführten versuchen, die Ursachen herauszufinden (z.B. zornige höhere Mächte), um sich durch Rituale zu verwehren.

5.

Entsprechend der anschaulichen und »poetischen« vormodernen Vorstellungswelt wird alles in der Weise von Mythen verstanden und gedeutet, heiligen Geschichten über Wesen, Ursprung und Zweck der Dinge, die sich auf Ereignisse in einer Urzeit außerhalb unserer gewöhnlichen Zeit beziehen. Denn damals, »in eo tempore«, so der Gedanke, wurde die Welt von überirdischen Wesen in Ordnung gebracht. Die Art und Weise des Verhaltens aller Erscheinungen wurde beispielhaft festgelegt.

Diese Geschichten, die das Wie und Warum der Dinge erklären, erfordern Rituale als entsprechende Verhaltensweisen. Mit anderen Worten: Alle »Theorie« ist praxisbezogen; Theorie und Praxis sind die Kehrseiten derselben Sache.

Die moderne Geschichte

Der Zweck dieser Skizze der vormodernen Vorstellungs- und Denkweise war es, vor dem Hintergrund dieses Tableaus sichtbar zu machen, wie weitreichend die kopernikanische Wende unserer modernen abendländischen Kultur am Übergang von ihrer vormodernen zu ihrer modernen Phase war. Sie stellt in der Tat durchgängig einen Bruch mit der mythischen Darstellungsweise oder eine »Umkehrung der Welt« dar.[12]

Das betrifft zunächst einmal die Stellung der Religion in der modernen Gesellschaft. Sie verliert ihre übergeordnete Stellung im Gesellschaftssystem und wird allenfalls zu einem Sektor neben den anderen. Die moderne Gesellschaft ist also eine säkulare, entsakralisierte profane Gesellschaft. Das Gewöhnliche, Alltägliche fügt sich nicht länger den höheren Dimensionen der Wirklichkeit, sondern wird, wie gesagt, entsprechend der bürgerlichen Mentalität unverschämt sachlich und gewöhnlich. Also: der »gesunde Menschenverstand« oder die Logik des Mähfeldes wird normativ. Die Wirklichkeit verliert ihre Ausrichtung auf eine ideale, höhere Ordnung und zieht ihre eigene Spur. Max Weber sprach in diesem Zusammenhang von unserem Zeitalter als einer prophetenlosen Zeit. So wie er auch unsere moderne Wirklichkeit durch den Verlust ihrer transzendenten Orientierung als eine »entzauberte« Wirklichkeit charakterisierte.[13]

In Zusammenhang damit erfährt auch die Natur eine tiefgreifende Gesichtsveränderung. Sie ist nicht mehr der Ort des Handelns höherer Mächte mit ihren Motiven und Absichten, deren »Spuren« sie zeigt (siehe wiederum Schillers Gedicht). Sie ist fortan der Ort anonymer Vorgänge in der dritten Person, hinter denen keine Absichten stehen. Die nun entstehende Sicht der

---

12 Siehe Anmerkung 4.

13 Max Weber, »Wissenschaft als Beruf«, in: id., *Soziologie, Weltgeschichtliche Analysen, Politik,* Kröner, Stuttgart 1956, 317ff. Siehe dazu auch Hans Joas, *Die Macht des Heiligen. Eine Alternative zur Geschichte der Entzauberung,* Suhrkamp, Berlin 2017, 208ff.

Natur, die als das »mechanisierte Weltbild«[14] bezeichnet wird, ist die eines Ensembles von toten, blinden, trägen Dingen ohne ein Inneres, ohne eigenes Streben, ohne Sinn und Wert. Es funktioniert wie ein Mechanismus oder eine Maschine, die nur von den eisernen Kausalgesetzen der Natur angetrieben wird. Aus dieser Natur ist alles eliminiert, was nach Teleologie riecht; eine Natur, die nach teleologischen Prinzipien funktioniert, wird sogar, z.B. von Spinoza, als das Vorurteil aller Vorurteile bezeichnet. Das Einzige, was diese Natur äußerlich zusammenhält, ist die Kausalität, die deshalb als Kitt des Universums bezeichnet wurde.[15]

Denn diese Natur hat keine innere Kohärenz. Sie stellt sich als ein Aggregat von letzten Elementarteilchen dar, die sich zu den verschiedenen Arten von Gebilden zusammenklumpen, aber auch wieder zerlegt und anders zusammengesetzt werden können. Mit den Worten Newtons:

> »Nach all diesen Überlegungen scheint es mir wahrscheinlich, dass Gott am Anfang der Dinge die Materie in massive, feste, harte, undurchdringliche und bewegliche Teilchen geschaffen hat. (...) Damit also die Natur von ewiger Dauer sein würde, muss die Veränderung der materiellen Dinge einzig und allein in den verschiedenen Trennungen, neuen Zusammensetzungen und Bewegungen dieser permanenten Teilchen liegen (...).«[16]

Die Natur wird also nach dem Modell einer riesigen Lego-Box dargestellt. Die entsprechende Forschungsmethode ist dann die der Analyse und Synthese. Wenn wir wissen wollen, wie die Dinge aufgebaut sind und funktionieren, müssen wir sie in ihre Bestandteile zerlegen und dann aus diesen Bestandteilen wieder zusammensetzen.

Wenn sich aber alle Vorgänge in der Natur als ein Zusammenfügen der Bausteine oder deren Trennung zu neuen Kombinationen beschreiben lassen, dann ist hier das Ganze gleich der Summe der

---

[14] Siehe Einleitung, Anmerkung 3.

[15] Siehe das Buch von J.L. Mackie mit dem von Hume entlehnten Titel *The Cement of the Universe. A Study of Causation*, Clarendon, Oxford 1980.

[16] I. Newton, *Optics* (Hrsg. B. Cohen), New York 1952, S. 400.

Teile. Und die Natur als Ganzes ist das Aggregat aller Aggregate, ein geschlossenes System, das in seiner Größe gleich bleibt, physikalisch ausgedrückt in den Gesetzen der Erhaltung von Masse und Energie. Tatsächlich passiert in diesem Universum nie etwas Neues, denn alles Geschehen besteht nur in einer Umgruppierung der elementaren Bausteine.

Diese Natur hat, so gesehen, keine übergreifende Ordnung. Sie besteht aus passiven Bestandteilen, die, völlig träge wie sie sind, von sich aus keine Ordnung herstellen können. Die Ordnung muss also immer von außen, von der Seite von außen wirkender Kräfte kommen. Diese mechanisierte Natur besteht also aus »Kraft und Stoff«, wie gesagt wird, aus Materie und Energie, die sich ihrer Natur nach völlig fremd sind. Die Materie, das Baumaterial von allem, ist, wie bereits erwähnt, durch und durch träge, reine Äußerlichkeit. Sie ist nicht lebendig, im Gegenteil, der Tod ist ihr natürlicher Zustand. Erklärungsbedürftig sind hier Phänomene wie Leben und Bewusstsein, die immer wieder versucht worden sind, auf Zustände toter Materie zu reduzieren. Hans Jonas hat diese Wirklichkeitskonzeption deshalb als eine »Ontologie [Seins- oder Wirklichkeitslehre] des Todes« charakterisiert.[17]

Das Bild der Natur, das sich auf diese Weise entfaltet, ist das einer Ansammlung von Elementarteilchen, die nur durch Räumlichkeit und Bewegung als ihre primären Eigenschaften gekennzeichnet sind. Alle so genannten Sekundäreigenschaften wie Farbe, Klang, Rauheit, Temperatur usw. kommen in der Natur als solche nicht vor, sondern sind Transformationen von Primäreigenschaften in der Erfahrung der wahrnehmenden Subjekte. Die reine Natur wird so zu einer sehr unanschaulichen Welt, die sich durch einen hohen Abstraktionsgrad[18] kennzeichnet, eine farblose Welt auch, in der eine ohrenbetäubende Stille herrscht, die Pascal, selbst ein großer Mathematiker und Physiker, zu dem Ausruf

[17] Hans Jonas, *Das Prinzip Leben. Ansätze zu einer philosophischen Biologie*, Suhrkamp, Frankfurt a.M. 1997, 28ff.

[18] Die Dinge werden hier also nicht mehr durch Geschichten gedeutet, sondern durch Theorien.

veranlasste: »Die ewige Stille dieser unendlichen Räume erschreckt mich«.[19] Die natürliche Wirklichkeit wird unwirtlich, sie ist keine Heimat mehr für den Menschen. Von nun an erlebt er sich in der Natur als Fremder und Verirrter, oder, um es mit den Worten des französischen Molekulargenetikers Jacques Monod zu sagen, als Zigeuner am Rande eines fremden Universums.

Und tatsächlich katapultiert sich der Mensch in der frühen Neuzeit aus der Natur heraus. Er erfährt sich als etwas völlig Anderes als die ihm ganz fremd gewordene, unendlich träge und passive Natur, in deren Mitte er das einzige aktive Wesen ist. Unter seinen Händen wird diese Natur also zum reinen Material für seine Selbstverwirklichung. Er wird zum Bediener und Manipulator einer zu einem Rohstofflager degradierten Natur.

Eine Philosophie des Machens

An diesem Punkt angekommen, können wir uns wieder Kants kopernikanischer Wende zuwenden, die, wie bereits erwähnt, das Verhältnis von Erkennender und erkanntem Objekt umkehrt und damit, charakteristisch für die Moderne, die Initiative auf das aktive Subjekt verlagert. Dieses Subjekt ist zudem ein machendes Subjekt. Kants Philosophie ist eine radikale Philosophie des Machens, Produzierens und Stiftens, mit anderen Worten: eine Form eines radikalen Konstruktivismus. Ordnung entsteht bei ihm nur, weil das Subjekt, oder besser gesagt die schöpferische Vernunft, aktiv Ordnung schafft. Das tut es übrigens nicht nur in der Natur, sondern auch auf der gesellschaftlichen Ebene, wo es die Gemeinschaft mit ihrer Ordnung durch den Gesellschaftsvertrag ins Leben ruft. So ist bei Kant und dem gesamten Frühliberalismus die Gemeinschaft kein natürliches Faktum, sondern ein Artefakt,

---

19 Blaise Pascal, *Gedanken* (Übers. Von Ewald Wasmuth, Reclam, Stuttgart 1980), fr. 206 (Nummerierung Brunschvicg). Bei Pascal auch schon das Thema des Verirrtseins des Menschen und des Geworfenseins in eine fremde Natur, Fr. 72.

das erst durch menschliches Handeln entsteht. Wie er auch in seinem Büchlein *Zum ewigen Frieden* sagt, dass der Friede zwischen den Menschen kein ursprünglicher Zustand ist, sondern durch menschliches Handeln *gestiftet* werden muss.[20]

Kants Philosophie ist, wie gesagt, eine radikale Philosophie des Machens und Herstellens und damit Exponent der Grundhaltung der Moderne. Alles, was existiert, verdankt seine Existenz, zumindest seinem geordneten Charakter nach, der gestaltenden menschlichen Tätigkeit. Alles trägt also das Gepräge und Zeichen des menschlichen Geistes. Nicht umsonst machen Kant und seine vielen Nachfolger hier die Philosophie zur Selbstanalyse der (menschlichen) Vernunft, die das Tor zum Verständnis der Wirklichkeit ist. In diesem Sinne kann Kant denn auch sagen, dass der Schlüssel zu den großen Fragen – Was kann ich wissen? Was soll ich tun? Was kann ich hoffen? – in der Frage liegt, was der Mensch ist. Kants Denken und das der Moderne im Allgemeinen ist durch einen radikalen Anthropozentrismus gekennzeichnet. Ist es da verwunderlich, dass unsere Zeit als Anthropozän bezeichnet wird, als »geologisches Zeitalter des Menschen« (Paul Crutzen), in dem das Klima der Erde die oft katastrophalen Auswirkungen des menschlichen Handelns erfährt, das überall auf der Erde präsent ist?

Insbesondere auch im modernen Wissensbegriff kommt diese im Zeichen des Machens stehende Philosophie zum Ausdruck. Wissen und Machen treten hier in ein inneres Verhältnis: Die Machbarkeit der Dinge wird zur Bedingung und zum Kriterium ihrer Erkennbarkeit. Wie Kant selbst prägnant formuliert: »Denn nur das, was wir selbst machen können, verstehen wir aus dem Grunde.«[21] Was also nicht von der Natur des Machbaren ist, kann nicht wirklich verstanden werden. Folglich wird alles unter dem

---

20 All dies habe ich ausführlicher erläutert in meinem Artikel »Kants problematisches Erbe«, *Philosophie*, Jg. 13, Nr. 3 (Juni/Juli 2004), S. 2ff, der auf meiner Website www.koovanderwal.nl in der Rubrik »Artikel« unter »K« zu finden ist.

21 Brief an Plückner vom 26.1.1796, *Kants gesammelte Schriften*, Akad.-Ausg. Bd. 12, Berlin/Leipzig 1922, S. 57; ebenso KU, B 310.

Gesichtspunkt seiner potentiellen Herstellbarkeit angegangen, vielleicht nicht im Augenblick, aber zumindest im Laufe der Zeit.

Jede Form des kontemplativen, sich nach dem Objekt richtenden Wissens wird hier aufgegeben und durch einen operativ-technischen Wissensbegriff ersetzt. Damit ist der rote Teppich für eine Kultur ausgerollt, die alles, sowohl in der Natur als auch in der sozialen und psychischen Wirklichkeit, unter technischem Aspekt angeht. Technik, in Zusammenarbeit mit der nomothetischen (allgemeine Gesetze suchenden) Wissenschaft, die strukturell in Technik übersetzbar ist, und mit der Ökonomie, konnte so zur Ideologie der modernen westlichen Kultur werden (als WTÖ-Komplex bezeichnet). Und Kants Philosophie kann als ein wichtiger Katalysator dieser Entwicklung hin zu einer technologischen Kultur gesehen werden. Der deutsche Soziologe Helmut Schelsky konnte Kant deshalb sogar als den »ursprünglichen Philosophen der Technik« bezeichnen.[22] Und in der Tat wird bei Kant alles unter dem Aspekt der Machbarkeit betrachtet, bis hin zum Subjekt oder Selbst, das sich selbst setzt (die Lehre von der Selbstsetzung). In seinem Nachlass findet sich zum Beispiel die Aussage: »Ich bin ein Gegenstand von mir selbst und meiner Vorstellungen. Dass noch etwas außer mir sei, ist ein Produkt von mir selbst. Ich mache mich selbst. (…) Wir machen alles selbst.«[23]

Stellt man die beiden Skizzen der vormodern-mythischen und der klassisch-modernen Wirklichkeitsauffassung nebeneinander, wird deutlich, wie tiefgreifend die Wende hier ist, in der Tat eine unverfälschte kopernikanische Wende. Alle Parameter der mythischen Perspektive werden hier, wie erwähnt, in ihr Gegenteil verkehrt, alles wird unter umgekehrtem Vorzeichen gelesen. Dies hat unbestreitbar eine beträchtliche Gewinnrechnung erbracht: In vielen Bereichen (Medizin, Landwirtschaft, Industrie, Meteorologie usw.) ist es dem Menschen gelungen, seine Situation besser in den Griff zu bekommen und zu beherrschen.

---

[22] Helmut Schelsky, »Der Mensch in der wissenschaftlichen Zivilisation«, in: id., *Auf der Suche nach Wirklichkeit*, Diederich, Düsseldorf/Köln 1965, S. 448.

[23] Opus postumum, *Kants gesammelte Schriften*, Akad.-Ausg. Bd. XXII, S. 82.

Die inhärenten Probleme unserer technologischen Kultur

Gleichzeitig hat uns unsere technologische Kultur inzwischen einige gigantische Probleme aufgebürdet, von denen das wichtigste im Kontext dieses Buches das Umweltproblem mit seinen zahlreichen Verästelungen ist. Dabei gehe ich, wie schon bemerkt, davon aus, dass es sich nicht um einen Betriebsunfall der modernen Gesellschaft handelt, um einen Zustand, der unglücklicherweise außer Kontrolle geraten ist, der aber wenig über das soziale System als solches aussagt. Die hier vertretene These lautet demgegenüber, dass es sich um eine strukturelle Störung des Systems handelt, die in ihm vorprogrammiert ist. Die Konsequenz ist, dass das Problem im Rahmen dieses Systems mit dessen (vor allem technischen) Mitteln nicht zu lösen ist. Wie Einstein einmal feststellte, kann man ein Problem nicht mit denselben Mitteln lösen, die es geschaffen haben. Wir werden uns nach anderen Strategien umsehen müssen. Das heißt, wenn es stimmt, dass das moderne Umweltproblem mit der modernen Sicht der Wirklichkeit und dem entsprechenden Umgang mit dieser Wirklichkeit, kurz mit dem Narrativ der Moderne, zusammenhängt, dann kann die Lösung dieses Problems auch nur in einer ganz anderen Geschichte und einer entsprechenden Praxis liegen. Es braucht eine radikale Wende im Denken und Handeln unserer Kultur, nämlich eine neue kopernikanische Wende. Also: wenn es überhaupt eine Lösung für das Umweltproblem gibt, dann liegt sie in einer verinnerlichten Lebenseinstellung und einer Verhaltensweise der Mäßigung. Die Lösung muss, anders gesagt, in erster Linie von Seiten der Nachfrage kommen und erst in zweiter Linie von Seiten des Angebots, zum Beispiel durch neue Technologien. Wenn wir die natürliche Umwelt weiterhin übermäßig beanspruchen, wenn unser ökologischer Fußabdruck strukturell zu groß bleibt, kann auch die fortschrittlichste Technologie diese Lücke nicht schließen.

Sollte es jedoch stimmen, dass wir zur Lösung unserer Probleme – in erster Linie des gestörten Verhältnisses zur Natur, aber auch der Zersplitterung und Verhärtung der sozialen Beziehungen und des Verschwindens der Sinndimension im modernen Dasein –

eine neue kollektive Erzählung brauchen, die unsere Lebensweise leitet, heißt das noch nicht, dass wir diese Erzählung auch bereits haben. Wenn sie uns den Weg zu einer wirklich nachhaltigen und friedlichen Gesellschaft weisen soll, sollte sie nicht nur ein schöner Ideenkomplex bleiben, möge er auch noch so geschickt konstruiert sein, sondern muss vor allem emotional ansprechen und an unsere Erfahrungswelt anknüpfen.

Nun ist in Philosophie, Literatur und Kunst schon vielfach darauf hingewiesen worden, dass die vorherrschende Erzählung der modernen Kultur, die, wie oben erwähnt, vom WTÖ-Komplex dominiert wird, eine einseitige Erzählung ist, die wichtige Dimensionen des Daseins vernachlässigt, verzerrt oder ganz verdrängt. So hatte, um einige Beispiele zu nennen, bereits Schiller in seinem schon zitierten Gedicht »Die Götter Griechenlands« die Armut und Dürftigkeit des mechanisierten Naturbildes beklagt, aus dem »alles Schöne, alles Hohe« verschwunden war. Ebenso äußerte Goethe Vorbehalte gegen das aufkommende »Maschinenzeitalter«, und Expressionismus und Symbolismus stellten eine Revolte gegen die wissenschaftlich-technische, materialistische Zivilisation dar. Und natürlich ist in diesem Zusammenhang auch die Romantik mit ihrer alternativen Erzählung gegenüber der auf Vernunft und Verstand ausgerichteten Aufklärung zu nennen. Und schließlich, um dies noch zu berühren, wiesen Psychiater wie Erich Fromm und Balthasar Stähelin[24] gegenüber einem Wohlergehensbegriff, der das Wohlbefinden auf Wohlstand verengt und von der Verfügung über äußere Güter abhängig macht, auf die Bedeutung einer Haltung des Seins, eines innerlich verwurzelten und ausgeglichenen Seins hin; darauf werde ich in einem späteren Kapitel noch näher eingehen.

Trotz all dieser Gegenstimmen (aus philosophischer Sicht könnten noch die Namen von Schelling und Bergson genannt werden) ist es unbestreitbar, dass die dominierende Erzählung der

---

24 Erich Fromm, *Haben oder Sein. Die seelischen Grundlagen einer neuen Gesellschaft,* dtv, München 1980^4. Balthasar Stähelin, *Haben und Sein,* Siebenstern, Theologischer Verlag Zürich 1969.

modernen Gesellschaft im Einklang mit der Aufklärung die einer wissenschaftlich-technischen Kultur ist. Anders gesagt, das Projekt der Moderne, das die Einrichtung der modernen Gesellschaft weitgehend bestimmt hat, ist das eines Denkens und Handelns im Sinne der Manipulation, Transformation und Beherrschung einer äußeren Realität, die als formbar und kontrollierbar angesehen wird (wie gesagt, bis hin zur menschlichen Realität, siehe das Projekt des »Human Enhancement« [Menschenverbesserung], bei dem, um Jos de Mul zu zitieren, »der Mensch selbst zum letztendlichen Rohmaterial für die kühnsten Kunststücke (wird)«).[25]

Also noch einmal: Woher können wir die Bausteine für eine neue, überzeugende Erzählung von einer nachhaltigen Gesellschaft nehmen, jetzt, wo ein unveränderter Lauf der Dinge diese Gesellschaft in einen groß angelegten Ökozid (und damit möglicherweise in den Selbstmord) treibt? Jetzt, da große Teile der Welt Gefahr laufen, unbewohnbar zu werden, das Umweltproblem kurzum den fatalen Fehler des vorherrschenden Narrativs und der damit verbundenen Praxis der modernen Kultur deutlich gemacht hat?

Wenn diese vorherrschende Erzählung jedoch auf einer »mechanisierten Weltsicht« beruht und dieses Realitätsbild anscheinend durch die moderne Naturwissenschaft legitimiert wird, die das Monopol für die Interpretation der Realität an sich gerissen hat, scheint die moderne Gesellschaft unabwendbar in die Falle getappt zu sein, die zu der heutigen massiven Umweltzerstörung geführt hat. An diesem Punkt angekommen, kam, mirabile dictu, Hilfe von unerwarteter Seite, nämlich von den Natur- und Lebenswissenschaften selbst. Im letzten Jahrhundert, in der Tat schon früher vorbereitet, haben wir faszinierende Entwicklungen in diesen Wissenschaften erlebt, die völlig neue Fenster zur Natur geöffnet haben. Neben der Entwicklung der Relativitätstheorie, der Quantenphysik, der Systembiologie und der Tierverhaltenslehre können wir an die Chaostheorie, die Theorie offener, nichtlinearer dynamischer Systeme, die Entdeckung der

25 Jos de Mul, *Cyberspace Odyssee*, Klement, Kampen 2010^{6}, 239; vgl. 25, 121v et al.

Selbstorganisationsfähigkeiten der Natur und die Idee der emergenten Phänomene und Eigenschaften denken, um im Moment nur diese Beispiele zu nennen. Das dadurch immer deutlichere Konturen annehmende Naturbild unterscheidet sich in grundlegender Weise von der klassisch-modernen, Newtonschen oder mechanisierten Weltsicht, die sich allenfalls als Ausnahmefall unter besonders restriktiven Bedingungen des neuen Naturbildes erwies. Das bedeutet aber, dass die moderne Gesellschaft, soweit sie sich weiterhin an diesem mechanisierten Weltbild orientiert, von einer überholten Wirklichkeitsauffassung ausgeht.

Konturen einer postklassischen Sicht der Natur

Im Folgenden kann ich die neue Sicht der Dinge[26] – ich bezeichne sie als postklassische Natursicht – nur in groben Zügen skizzieren. Ein guter Ausgangspunkt für eine solche Skizze ist die bereits erwähnte Selbstorganisation der Natur, ein erst kürzlich entdecktes Prinzip der Natur, das von einem seiner ersten Theoretiker, Stuart Kauffman, zu Recht als »ein großes unentdecktes Prinzip der Natur« bezeichnet wurde.[27] Selbstorganisation bedeutet, dass die Ordnung der Natur weitgehend von innen kommt und nicht nur von außen, wie es in der Newtonschen Sicht der Natur der Fall ist. In dieser neuen Optik ordnen sich die Naturphänomene auf spontane Weise. Ein schönes Beispiel bietet das Phänomen, dass das Leben seine eigenen Existenzbedingungen mitbestimmt. Wie bei der sauerstoffhaltigen Erdatmosphäre geschehen ist, die zunächst von einer bestimmten Art von Blaualgen (also primitiven Lebensformen) erzeugt wurde und damit den Weg für mit Lungen ausgerüstete Organismen ebnete, die ihre Energie aus Verbrennungsprozessen mit Sauerstoff beziehen.

---

[26] Weitere Einzelheiten hierzu finden Sie in meiner Studie *Die Wirklichkeit aus neuer Sicht. Für eine andere Naturphilosophie*, Springer, Wiesbaden 2017.

[27] Stuart Kauffman, *At Home in the Universe. The Search for the Laws of Self-Organization and Complexity*, OUP, Oxford/New York 1995, 26, 77 und passim.

Sobald man das Phänomen der Selbstorganisation erkannt hatte, hat es sich erwiesen, in der Natur überall zu wirken. Überall schaffen die Phänomene augenscheinlich ihre eigene Ordnung, z. B. ihre eigene Zeitordnung, ihre eigenen Tempi und Rhythmen, mit denen sie arbeiten. So haben zum Beispiel viele chemische Prozesse ihre eigene »chemische Uhr« und zeigen ganz bestimmte Reaktionsgeschwindigkeiten und rhythmische Muster. Und insbesondere haben auch biologische Prozesse ihre eigene »biologische Uhr«, angefangen bei der Zelle über alle Zwischenstrukturen im Organismus (Geschwindigkeit der Fortbewegung, Herzschlag und Atmung) bis hin zum Lebensrhythmus und dem artspezifischen Alter des Gesamtorganismus. Denn alle verschiedenen Pflanzen- und Tierarten haben ihr artspezifisch programmiertes Alter, ihren Rhythmus und ihre Größe.[28] Eine Stechmücke wird nie so groß wie ein Elefant und eine Eiche erreicht nie die Größe des Eiffelturms.

Die Natur ist kurzum keineswegs ein Ort der Passivität und Trägheit, gekennzeichnet durch eine Ontologie des Todes, wie es im Newtonschen Schema der Fall ist. Im Gegenteil, sie weist die Merkmale der Dynamik, der eigenen Spontaneität, der Kreativität und des Erfindungsreichtums auf und findet immer neue Lösungen für ihre Probleme. Die Natur, selbst die der so genannten toten Materie, zeigt Züge, die eher für das Leben charakteristisch sind. So kann der Kernphysiker Hans-Peter Dürr schreiben, dass der modernen Physik zufolge die Materie nicht mehr im üblichen Sinne von elementaren materiellen Teilchen zu verstehen ist, sondern im Sinne von Potentialität. Er fährt dann fort: »Potentialität hat vielmehr etwas von der Offenheit und Vielfältigkeit des Lebendigen«. Die Materie gleicht auf diese Weise »mehr einer ›embryonalen‹ Form des Lebendigen. (…) So betrachtet spiegelt die lebendige Form

---

[28] Zu dem damit verbundenen natürlichen Prinzip des Größer- und Kleinerwachsens siehe Willem Beekmans schönes Buch *Öffentliches Geheimnis. Lebensgeschichten eines Biologen,* Christofoor, Zeist 2020, Kapitel 8. Siehe den Anhang.

besser die Grundstruktur der Wirklichkeit wider.«[29] Nicht so sehr ist die tote Materie, so gesehen, die grundlegende Seinsform der Natur, auf die alle anderen Seinsformen reduziert werden müssen, sondern vielmehr ist sie eine Seinsform, die Merkmale des Lebens aufweist, von dem sie dann eine »embryonale« Manifestation ist. Mit anderen Worten, hier wird in der modernen Physik eine Art neue kopernikanische Wende vollzogen.

Ein weiterer Gesichtspunkt, unter dem sich die sich gegenwärtig herauskristallisierende postklassische Sichtweise der Natur grundlegend von der klassisch-modernen unterscheidet, bietet das Phänomen der Emergenz. Viele natürliche Prozesse haben kritische Schwellen, nach denen neue Arten von Phänomenen mit neuen Eigenschaften und Verhaltensweisen »entstehen« (»emergieren«). Diese neuen Arten von Phänomenen sind in der Tat neu in dem Sinne, dass sie mit den theoretischen Mitteln vor dem Kipppunkt nicht vorhersehbar waren. Sie erfordern daher spezifische, auf die Natur der neuen Phänomene zugeschnittene Erkenntnismittel. So lassen sich beispielsweise die Phänomene des Lebens mit physikalisch-chemischen Mitteln nicht angemessen erfassen[30], ganz zu schweigen von den psychologischen, sozialen und kulturellen Phänomenen. Unter diesem Gesichtspunkt macht die Natur also Sprünge, wiederum im Gegensatz zur Newtonschen Sicht der Natur, die von dem Spruch beherrscht wird, dass die Natur keine Sprünge macht (*natura non facit saltus*). Mit anderen Worten folgt die Natur dort dem Prinzip der Kontinuität in allen Bereichen.

Demgegenüber ist die neue Perspektive die einer Natur als diskreter Gesamtheit oder aufsteigender Reihe von Seinsformen, die alle ihrer eigenen artspezifischen Ordnung gehorchen. Genau hier liegt auch einer der Hauptunterschiede zur klassisch-modernen Naturauffassung. Dort wird, wie erwähnt, die Natur als ein

---

[29] Hans-Peter Dürr, »Wirklichkeit des Lebens«, in: Hans-Jürgen Fischbeck (Hg.), *Leben in Gefahr? Von der Erkenntnis des Lebens zu einer neuen Ethik des Lebendigen*, Neukirchener, Neukirchen-Vluyn 1999, S. 11f (Hervorhebung durch Dürr).

[30] Siehe den interessanten Artikel »Life's Irreducible Structure« von Michael Polanyi, *Science*, vol. 160 (1968), 1308–1312.

Aggregat (von Aggregaten) letzter Elementarteilchen aufgefasst, wobei die Eigenschaften des Ganzen aus denen der Teile ableitbar sind (»bottom-up«). Im Gegensatz dazu werden in der neuen Optik alle Naturphänomene durch ihr Organisationsmuster, ihre Form oder Konfiguration charakterisiert. Dies bestimmt ihre Seinsweise und ihre Eigenschaften. Und die Vielfalt der Konfigurationen kann auf diese Weise verantwortlich gehalten werden für die Vielgestaltigkeit der Naturphänomene und ihre ganz eigentümlichen Eigenschaften und Verhaltensweisen. Das Organisationsmuster der Dinge kann, so gesehen, als das grundlegendste Merkmal der Wirklichkeit angesehen werden.

Ein systemtheoretischer Ansatz

Ein guter Ansatzpunkt für das Verständnis der neuen Naturauffassung ist daher die allgemeine Systemtheorie. Ein System kann als eine Gesamtheit von voneinander abhängigen Komponenten definiert werden, die durch eine gemeinsame Organisations- und Funktionsweise gekennzeichnet sind. Ein System ist somit per Definition mehr als Summe seiner Teile, da die Seins- und Verhaltensweisen der Teile durch ihren Platz und ihre Funktion innerhalb des Ganzen bestimmt werden. Dies bedeutet vor allem, dass die Eigenschaften des Systems als Ganzes durch die Art und Weise, wie es aufgebaut ist, d. h. durch das Organisationsmuster, bestimmt werden. Die Eigenschaften und Verhaltensweisen des Systems als Ganzes lassen sich nicht aus den Eigenschaften seiner Komponenten ableiten, sondern sind, wie es heißt, *systemische* Eigenschaften und Verhaltensweisen. Die Systemtheorie nimmt also eine relationale und ganzheitliche Denkweise an, die vom Ganzen zu den Teilen, also »von oben nach unten« denkt.

Auf ihre Weise ist die Systemtheorie ein Exponent einer allgemeineren Verschiebung des Denkens, die den Schwerpunkt von den Dingen auf die Beziehungen verlegt. Wie die Skizze des Newtonschen Naturbildes bereits gezeigt hat, ist die zentrale

Kategorie dort die des Dinges, im philosophischen Sprachgebrauch die der Substanz[31] oder der Selbständigkeit. In dieser Sichtweise ist die Wirklichkeit, wie bereits erwähnt, eine Ansammlung von in sich geschlossenen Dingen, die unabhängig von allen Beziehungen ihre Identität fertig in sich tragen. Beziehungen sind nur äußere Beziehungen (vor allem solche der Kausalität), die das Wesen der Dinge nicht bestimmen.

Im Gegensatz dazu zeichnet sich die neue Sicht der Dinge dadurch aus, dass sie in Feldern denkt, in Netzwerken von Beziehungen, innerhalb derer die Dinge Knotenpunkte sind. Beziehungen sind dann nicht nur äußere Beziehungen zwischen separaten Dingen, die ihr Wesen unabhängig von diesen Beziehungen besitzen, sondern in unterschiedlichem Maße innere Beziehungen, die das Wesen dieser »Dinge« mehr oder weniger stark mitbestimmen. Beispiele für diese Interdependenz von kooperierenden Komponenten innerhalb eines umfassenden Ganzen liefern der Organismus und das ökologische System. Man kann daher die neue Entwicklung des Naturdenkens auch als eine Ökologisierung des Naturbildes charakterisieren.

Wenn wir nun zum systemtheoretischen Ansatz zurückkehren, scheint es unbestreitbar, dass die meisten, um nicht zu sagen alle, Naturphänomene systemischer Natur sind. Man denke nur an Atome, die nach bestimmten Mustern von Kern und »Elektronenhüllen« aufgebaut sind, die ihre Eigenschaften bestimmen. Man denke an Moleküle mit ihren spezifischen Konfigurationen von Atomen und entsprechenden Eigenschaften, an Kristalle mit ihren typischen Gitterstrukturen, an meteorologische Phänomene, an Organismen, Pflanzenkolonien, Tierpopulationen und ökologische Systeme im Allgemeinen, an Planeten und Galaxien, an soziale Systeme usw. Alle diese Phänomene bestehen aus Komponenten oder Subsystemen, die nach einem bestimmten Muster

[31] Substanz, vom lateinischen »substare«, wörtlich das, was darunter steht oder liegt, das unveränderliche Wesen einer Sache. Gewöhnlich wird Substanz als das definiert, was aus sich selbst heraus existiert (und dazu keine anderen Dinge braucht) und was aus sich selbst heraus verstanden werden kann.

organisiert sind und sich innerhalb dieser Konfiguration gegenseitig bedingen, vor allem aber: auf diese Weise ihr eigenes Gesicht haben. Das Ergebnis des oben Gesagten kann kaum etwas anderes sein, als dass die Eigenschaften der Dinge bzw. der Prozesse (Dinge sind ja Prozesse, die eine mehr oder weniger dauerhafte Form aufweisen) mit der Art und Weise zusammenhängen, wie sie organisiert bzw. systemische Eigenschaften sind.

So entsteht unter unseren Händen das Bild einer äußerst vielfarbigen Natur als eine aufsteigende Reihe oder Leiter neuer Ebenen von Seinsformen von immer größerer Komplexität, die alle nach Überschreiten kritischer Schwellen entstehen. Und alle sind durch ihre eigenen irreduziblen Eigenschaften und Verhaltensweisen, durch ihre eigenen Formen von Raum und Zeit und nicht zuletzt durch ihre eigenen Formen von Kausalität gekennzeichnet. So wenig, wie es in dieser Perspektive nur eine Art von Zeit und Raum gibt (siehe oben), so wenig ist das bei der Kausalität der Fall: Auf jeder Ebene wirkt sie so, wie es der Natur der dort vorhandenen Phänomene entspricht. Und wenn die Ordnung der »niederen« Ebenen auf die »höheren« Ebenen wirkt (auch Organismen gehorchen z.B. der Schwerkraft), dann gilt auch das Umgekehrte: dass die Ordnung der höheren Ebenen die der niederen in ihren Dienst nimmt und sie »überformt«, zum Beispiel im Einfluss des Geistes auf den Körper, eine Angelegenheit der »abwärts gerichteten Kausalität« (*downward causation*) mit anderen Worten. Zu einer pluralen Natur gehört, kurz gesagt, nicht weniger als eine plurale Zeit und ein pluraler Raum, ein pluraler Kausalitätsbegriff.

Aber die Natur ist in dieser Sichtweise nicht nur das komplette Gegenteil des flachen, uniformen Newtonschen Bildes der Natur (die Natur als Aggregat von Elementarteilchen oder als großer Lego-Kasten), sondern sie ist auch eine *offene* Realität, in der ständig neue (»emergente«) Phänomene auftreten. Mit anderen Worten, es handelt sich nicht um eine geschlossene Realität, die nur Umgestaltungen des Gegebenen zeigt, in der nichts wirklich Neues geschieht und alles (zumindest theoretisch) perfekt berechnet und vorhergesagt werden kann, in der, kurz gesagt, die Zeit eine ohnmächtige Größe ist. Im Gegenteil, in der sich gegenwärtig entfaltenden Sicht auf die Natur ist die Zeit eine schöpferische Kraft, offen für eine Zukunft, die nur zum Teil determiniert ist, ständig neue Seinsformen und Prozesse hervorbringt und deshalb auch nur bedingt vorhersehbar ist. Nicht umsonst arbeitet schon die Physik nur noch in begrenztem Umfang mit deterministischen Gesetzen und desto mehr mit probabilistischen Gesetzmäßigkeiten.

All dies führt, es wurde bereits angedeutet, zu einer Konzeption der Natur als einer dynamischen, offenen, schöpferischen und erfinderischen, vielgestaltigen und variantenreichen Größe. Auf diese Weise wird hier innerhalb der Natur Raum geschaffen für all jene vielfältigen Arten von Phänomenen wie Leben, Bewusstsein, Sozialität, Kultur und sogar Normativität, die in der alten Perspektive stets ihre Existenzberechtigung als eigenständige Phänomene gegenüber reduktionistischen Naturauffassungen sichern mussten. Im Gegensatz dazu ist die neue Sicht der Natur durch und durch antireduktionistisch.

Man kann sich diese Natur als ein immenses Reservoir von Potenzen vorstellen, die sich unter bestimmten Bedingungen verwirklichen. Der Physiker David Bohm hat dafür den Begriff »ausgefaltete Ordnung« geprägt. Es handelt sich also um die Natur, die wir aus der Erfahrung kennen. Darüber hinaus verfügt sie per Implikation auch über eine eingefaltete Ordnung, die uns also per definitionem unbekannt ist. Mit anderen Worten: Unser Wissen über die Natur geht nicht darüber hinaus, ein Teilwissen über diese Natur zu sein. Vor diesem Hintergrund ist die (noch von Wissenschaftlern von Rang und Namen verteidigte) Idee einer Theorie von allem, die in der Newtonschen Perspektive als erstrebenswerte Sache durchaus Sinn machte, eine prinzipielle Unmöglichkeit.

Die Stellung des Menschen

Eine äußerst wichtige Implikation der sich herauskristallisierenden neuen Sicht der Natur betrifft die Stellung des Menschen, die auch für unsere Überlegungen zur Umweltkrise von großer Bedeutung ist. Wenn die Natur, wie im Newton-Universum, nichts anderes ist als eine Angelegenheit toter, träger Materieteilchen und ihrer Kombinationen, dann gibt es in ihr, wie erwähnt, keinen Platz für den Menschen. Denn alle Eigenschaften der menschlichen Seinsweise, wie Bewusstsein, Wahrnehmung, Denken, Fühlen, Wollen und Handeln, sind der so verstandenen Natur völlig fremd. Wenn man sie nicht, entgegen aller Evidenz, auf passive Begleiterscheinungen materieller Prozesse reduzieren will, wie es Jacob Moleschott mit seiner Aussage »Ohne Phosphor keine Gedanken« tat. Sehr konsequent wurde dann der Mensch als Wesen einer ganz anderen Ordnung außerhalb der Natur gestellt – Descartes, Pascal, Kant und eine Reihe von Denkern bis zu Existenzphilosophen wie Sartre sind Vertreter dieser Denkrichtung.

Wenn sich aber im neuen Naturbild Phänomene wie innere Aktivität und Spontaneität, zielgerichtetes Streben (Finalität), Sinnorientierung (wie es die Tierverhaltenslehre für Tiere, also nicht-menschliche Lebewesen, ausführlich herausgearbeitet hat), Sozialität, Kulturformen und dergleichen als ganz natürliche Dinge erweisen und Leben und Geist zum »Gewebe der Wirklichkeit« gehören, dann kann der Mensch wieder seinen Platz in diesem Schema der Dinge einnehmen. Alle Merkmale des Menschseins wie Denken, Sprechen, Erleben und dergleichen können dann als Verwirklichung von Potentialen betrachtet werden, die in der Natur angelegt sind. Der Mensch kurzum ist ganz und gar ein Naturphänomen, natürlich verstanden im Sinne des neuen Naturbildes, das von einer ideellen Dimension gezeichnet wird. In einer solchen Natur kann er sich auch wieder zu Hause fühlen. Eine solche Sicht der Dinge lässt uns auch unsere tiefe Verwandtschaft mit der Natur erkennen, mit der wir durch tausend Fäden verbunden sind. Dann steht uns auch nicht länger die distanzierte Haltung gegenüber einer Natur an, die uns im Grunde fremd ist und nur als Vorratslager für unsere Selbstverwirklichung dient. Dies bedeutet einen grundlegenden Wandel von der Haltung des Betreibers zu der des Teilnehmers an der Natur, obwohl wir immer auch Betreiber bleiben werden, um zu leben, aber in Maßen. In der neuen Sichtweise erhält die Natur die Züge eines beseelten

Familienverbands zurück, was eine Haltung der Umsicht und der Fürsorge für unsere Mitgeschöpfe mit sich bringt. Aber bedeutet dies nicht eine neue kopernikanische Wende, die eine Umkehrung von vielem bedeutet, was in der ersten Wende enthalten war?

Auch ganz allgemein bedeutet das neue Naturbild eine Rehabilitierung von Zügen der vormodern-mythischen Wirklichkeitsauffassung, die durch die erste kopernikanische Wende in den Schatten gestellt worden waren. Diese Rehabilitierung bedeutet übrigens – auch das versteht sich von selbst – keine einfache Wiederherstellung. Die rehabilitierten Dimensionen – man denke an die Wertdimension und die Ideelle Dimension – werden daher die Grundzüge des neuen Wirklichkeitsbildes widerspiegeln, dessen Teil sie sind. Neben der eben erwähnten Vorstellung von der Natur als Familienverband denke ich dabei an Merkmale wie die Tatsache, dass es angemessener ist, die Natur als eine lebendige und nicht als eine tote, träge Realität zu betrachten, dass sie von Bedeutungen, Sprache und Information durchdrungen ist, dass sie sich selbst organisiert und aus dem Chaos eine Ordnung schafft, usw.

Eine spirituelle Dimension

In diesem Zusammenhang einer Rehabilitierung von Merkmalen des vormodernen mythischen Naturbildes widme ich mich schließlich dem, was man seine spirituelle oder symbolistische Dimension nennen kann. Wie bereits erwähnt, hat in der mythischen Perspektive alles einen tieferen Sinn und Zweck. Nichts ist hier reine Faktizität und stimmt mit seiner oberflächlichen Erscheinung überein, sondern verweist auf diesen tieferen Sinn und muss auf ihn hin sondiert werden. Das ist auch der Grund, warum die Wirklichkeit in dieser Perspektive ein von Bedeutung durchdrungenes Ganzes ist.

Diese Dimension fällt in der mechanisierten Sichtweise der Natur völlig weg. Die Natur hat hier weder einen tieferen Sinn noch eine tiefere Bedeutung. Alles ist hier, wie gesagt, bloße Faktizität. Und wenn alles auch noch als im Prinzip berechenbar und überschaubar betrachtet wird, ist jeder Sinn für das Geheimnisvolle und Wunderbare verschwunden. Alles ist, was es ist, und die Frage nach seinem Sinn ist sinnlos. So kamen wir schließlich zu den Philosophien der Sinnlosigkeit und des Absurden von Camus, Sartre und vielen anderen.

Wenn sich aber diese ganze Geschichte, dass alles im Prinzip machbar, berechenbar und kontrollierbar ist, im Lichte des neuen Naturbildes als phantastischer Irrtum erweist; wenn die Natur ein enormes Reservoir an Potenzen bereithält und uns immer wieder mit neuen Schöpfungen überrascht; wenn darüber hinaus unsere in einer Evolution entstandenen intellektuellen Fähigkeiten, die uns so gut wie möglich durch alle möglichen Alltagssituationen leiten sollten, für komplexere Situationen weniger geeignet zu sein scheinen[32]; dann gibt es allen Grund, wieder ein Bewusstsein für die verborgenen Dimensionen zu erwecken, ein Bewusstsein also für die geheimnisvollen Tiefen der Wirklichkeit. Dieses Bewusstsein ist auch bei vielen großen Naturwissenschaftlern durchaus lebendig. Bei Einstein zum Beispiel, wenn er schreibt:

> »Das Schönste, was wir erleben können, ist das Geheimnisvolle. Es ist das Grundgefühl, das an der Wiege von wahrer Kunst und Wissenschaft steht. Wer es nicht kennt und sich nicht mehr wundern, nicht mehr staunen kann, der ist sozusagen tot und sein Auge erloschen. Das Erlebnis des Geheimnisvollen (...) hat auch die Religion gezeugt. Das Wissen um die Existenz des für uns Undurchdringlichen, der Manifestationen tiefster Vernunft und leuchtendster Schönheit, die unserer Vernunft nur in ihren primi-

---

[32] Siehe z.B. das Urteil des bedeutenden Molekularbiologen Gunther Stent, *Paradoxes of Progress*, Freeman, San Francisco 1978, 51f: »Dies [die intellektuelle Grenze der Physik] ergibt sich aus dem Umstand, dass die grundlegenden und, wie ich annehme, angeborenen erkenntnistheoretischen Konzepte des Menschen, wie z.B. Realität und Kausalität, aus einer Dialektik zwischen den Lebensumständen unserer kindlichen Umgebung und dem genetisch bestimmten Schaltplan unseres Gehirns entstehen. Die Evolution hat dieses Gehirn (...) für die Fähigkeit ausgewählt, mit oberflächlichen, alltäglichen Phänomenen ›erfolgreich‹ umzugehen, aber es wurde nicht für die Behandlung solch tieferer Probleme wie die Natur der Materie oder des Kosmos selektiert.«

> tivsten Formen zugänglich sind, dies Wissen und Fühlen macht wahre Religiosität aus; in diesem Sinne und nur in diesem gehöre ich zu den tief religiösen Menschen.«[33]

So konnte er auch schreiben: »Naturwissenschaft ohne Religion ist lahm [nämlich dann, wenn ihr eine Antenne für das Geheimnisvolle fehlt], Religion ohne Naturwissenschaft ist blind.«[34]

Dieser Dimension des Wunderbaren kann man sich nicht mehr direkt nähern, sondern nur noch indirekt, indem man Symbole, Metaphern, Allegorien, Gleichnisse usw. verwendet. In dieser Perspektive wird die Welt wieder zu einem Netzwerk von Symbolen, wie es die großen Philosophien und spirituellen Traditionen jenseits der sogenannten Faktizität gesponnen bzw. daraus abgelesen haben.[35] Diese Rehabilitierung des spirituellen Faktors steht meines Erachtens auch ganz im Einklang mit dem sich derzeit herauskristallisierenden neuen Bild der Natur. Und liefert damit ein weiteres Beispiel für die kopernikanische Wende in unserem Denken und Erleben.

---

33 Albert Einstein, *Mein Weltbild*, Ullstein, Frankfurt a.M. 1956, S. 9f.

34 Id., »Naturwissenschaft und Religion«, in: Hans-Peter Dürr (Hg.), *Physik und Transzendenz. Die großen Physiker unseres Jahrhunderts über ihre Begegnung mit dem Wunderbaren*, Scherz Verlag, Bern 1986, S. 75.

35 Eine detailliertere Ausarbeitung davon finden Sie in meinem Buch *Philosophie und Spiritualität. Wiederaufnahme einer ursprünglichen Beziehung*, Verlag Karl Alber, Baden-Baden 2023.

Kapitel 2. Modernität und Maß

Über eine problematische Beziehung

Aktualisierende Interpretation

Eine der interessantesten und zugleich ergiebigsten Arten, sich mit der Geschichte der Philosophie zu befassen, ist es, wenn man sie im Lichte eines aktuellen Problems liest. Man richtet damit also Fragen an die Philosophen, die sie sich selbst nicht gestellt haben, bringt ihre Gedanken somit in eine ihnen fremde oder zumindest unbekannte Perspektive. Anscheinend erfährt ihr Denken auf diesem Weg unvermeidlich eine Verzerrung, ist die Fehlinterpretation also schon von vornherein im Unternehmen vorprogrammiert.

Einerseits ist das wirklich so, insofern es ein Prinzip ehrlicher Interpretation ist, dass man versuchen soll, den Standpunkt des Autors einzunehmen, die Dinge mit seinen Augen und aus der von ihm eingenommenen Sicht zu sehen, kurzum, den Horizont des Interpreten und des Interpretierten möglichst zusammenfallen und verschmelzen zu lassen.

Anderseits sind wir immer mehr zu der Einsicht gelangt, dass in einem Gespräch, einem literarischen Text und nicht zuletzt in einem philosophischen Gedankengang stets mehr als das direkt Formulierte im Spiel ist – die großen Meister des Misstrauens Marx, Nietzsche und Freud haben in dieser Hinsicht den Weg geebnet. Seither ist diese Einsicht den verschiedensten Disziplinen, die sich mit der Interpretation menschlicher Verhaltensweisen, Ideen und Produkte geistiger Aktivität befassen geläufig, nicht zuletzt in der Gegenwartsphilosophie. Bei diesem ›Mehr‹, das in jeglichem Denken und Sprechen – ich beschränke mich im Folgenden auf den Bereich der Philosophie – ›jenseits‹ des direkt

Formulierten mit enthalten ist, handelt es sich selbstverständlich nicht so sehr um die lediglich indirekt zur Sprache kommenden Bedeutungskomponenten, die für Redende und Hörer aber nicht weniger deutlich mittönen, als um dasjenige, was in der Form sehr implizit bleibender Voraussetzungen und Denkweisen, den Beteiligten kaum bewusst und deshalb größtenteils hinter ihrem Rücken wirkend, den Gedankengang bestimmt. Indem man auf der Suche nach solchen verborgenen Determinanten philosophische Gedankengänge prüft, ihre für das unbewaffnete Auge nicht wahrnehmbaren Kraftlinien sichtbar macht, verschafft man sich ein neues Verständnis dessen, was in solchen Gedankengängen ›eigentlich‹ vor sich geht.

Aus diesem Blickwinkel heraus kann das Werk einzelner Denker betrachtet werden, die dann ›besser verstanden werden als sie sich selber verstanden haben‹. Eine derartige Analyse kann nicht ohne wichtige Konsequenzen bleiben, wenn es Denker wie Descartes, Kant, Hegel oder Marx betrifft mit ihrem starken Einfluss auf die Ideenwelt des modernen abendländischen Menschen. Sollten in ihrem Denken verborgene Antriebe am Werk sein oder sollte es sich herausstellen, dass ihre Gedankengänge auf wichtigen verschwiegenen oder nur sehr partiell artikulierten Prämissen beruhen, so müssen, falls dieses aufgedeckt wird, im von ihnen mitgeformten symbolischen Universum, in unserem Welt- und Selbstverständnis also, wohl Verschiebungen stattfinden.

Noch interessanter und bedeutsamer wird die Sache, wenn es sich nicht um individuelle Philosophen und ihr Werk, aber um ganze Episoden der Philosophiegeschichte handelt, von denen plötzlich sichtbar wird, wie eine gemeinsame Tiefengrammatik und unbefragte Voraussetzungen sie weithin bestimmen, welche den Raum für die geführte philosophische Diskussion abstecken. Durch die vordergründige Gedankenentwicklung hindurch drückt sich anders gesagt für die Teilnehmer unsichtbar, von ihnen höchstens vage geahnt, etwas Anderes aus, das dem Außenstehenden dann eben als das Charakteristische des Zeitalters erscheint. Dem Außenstehenden: der verborgene Bezugsrahmen des Zeitalters wird erst für den sichtbar, der sich nicht länger innerhalb dieses

Rahmens bewegt, sondern der ein Geschehen miterlebte, das in Bezug auf das dominante Denkmuster und die darin enthaltenen Voraussetzungen einen Entfremdungseffekt auslöste.

Die Geschichte der Philosophie kennt mehrere solche Ereignisse, welche angesichts der landläufigen Ideen eine Kollektiverfahrung der Entfremdung und infolgedessen einen Umschlag des philosophischen Klimas bedeuteten. Auffällige Schulbeispiele, um nur diese zu erwähnen, sind das Erdbeben von Lissabon im Jahre 1755 und der Erste Weltkrieg. Beide hinterließen tiefe Spuren im Denken und Erleben der Zeit. Das erste Ereignis, das 30.000 Opfer forderte, schlug ins allgemeine Bewusstsein der Zeit wie eine Bombe ein und erschütterte endgültig den Aufklärungsglauben, die bestehende Wirklichkeit sei die Beste der möglichen Welten, in der Ordnung, Harmonie und Vernunft herrschen und der Mensch mittels seines Intellekts imstande sei, das Wesen und den Zusammenhang der Dinge zu durchgründen. Unter dem Eindruck des Erdbebens zieht sich Voltaire in spöttischen Skeptizismus zurück, ist Kant endgültig von der Beschränktheit der menschlichen Erkenntnis und dem abgründigen Charakter der Wirklichkeit durchdrungen und hat sich auch bei Goethe dauernd ein Gefühl des Mysteriösen, Dämonischen und Schauderhaften des Daseins festgesetzt, demgegenüber der Mensch nur eine Haltung der Ehrfurcht und Ergebung einnehmen kann[36].Nach Lissabon 1755 sieht anders gesagt die Welt nicht mehr als zuvor aus. Durch die Erfahrung dieses ›schrecklichen Zufalls‹ (Kant) fließen alle diffusen Zweifel

---

[36] Hinsichtlich der Bedeutung des Erdbebens von Lissabon für Kant und Goethe, siehe W. Schulz, »Das Heilige bei Kant und Goethe«, in: ders., *Kant als Philosoph des Protestantismus*. Reich, Hamburg 1960, S. 68ff., 94ff.
Kant veröffentlichte 1756 anlässlich des Erdbebens drei Aufsätze, die alle die physikalische Erklärung und daneben Betrachtungen zur Bedeutung des Ereignisses zum Thema haben: »Von den Ursachen der Erschütterungen bei Gelegenheit des Unglücks, welches die westlichen Länder von Europa gegen Ende des vorigen Jahres betroffen hat«, »Geschichte und Naturbeschreibung der merkwürdigsten Vorfälle des Erdbebens«, »M. Immanuel Kants fortgesetzte Betrachtung der seit einiger Zeit wahrgenommenen Erderschütterungen«, in: *Kants ges. Werke*, Akad.-Ausg., Bd. I, Berlin 1910, S. 417–427, 429–461, 463–472.

angesichts der dominierenden Wirklichkeitsanschauung und der dazugehörigen optimistischen Stimmung im festen Bewusstsein derer Unhaltbarkeit und damit der Notwendigkeit einer tiefschürfenden Revision der gängigen Überzeugungen zusammen.

Über den Ersten Weltkrieg und dessen Einfluss auf die Philosophie, auf das gesamte geistige Klima der Zeit übrigens, kann Ähnliches gesagt werden. Schon die behandelten Themen (Angst, Tod, Schuld, Kampf, Untergang, Absurdität, Geworfenheit, Grenzsituationen, Antinomien usw.), um es dabei bewenden zu lassen, sprechen eine deutliche Sprache in Bezug auf den Umschwung im Denken und Erleben, der im Vergleich mit dem 19. Jahrhundert (›Ausnahmen‹ wie Kierkegaard, Schopenhauer und Nietzsche nicht mit eingerechnet) stattfand: während dort alles im Zeichen des Fortschritts und der stetigen Evolution, der Sicherheit, des Zivilisierten, der Ordnung, des Vertrauens auf die Wissenschaft usw. steht, herrscht jetzt ein Bewusstsein der Krise, des Chaos, der Ungeborgenheit und Sinnlosigkeit vor.

Bedauerlicherweise lässt sich nicht ohne weiteres behaupten, die Umweltkrise habe in unserer Zeit eine ähnliche Umwälzung im Denken und Erfahren zuwege gebracht, wie es mit dem Erdbeben von Lissabon oder mit dem Ersten Weltkrieg zu ihrer Zeit geschah. Doch möchte ich die These verteidigen – ich versuche diesen Gedanken im Nachfolgenden etwas weiter auszubauen –, dass durch die ökologische Krise auch im philosophischen Bereich ein Bewusstwerdungsprozess ausgelöst worden ist, wie es lauter durch philosophische Bemühungen wahrscheinlich nicht geschehen wäre. Auch hier haben wir es mit einem der Philosophie äußerlichen Umstand zu tun, der wichtige Folgen für die philosophische Reflexion hat, – womöglich sogar eingreifender als es bei den vorhin genannten Ereignissen der Fall war. Auch hier gilt also, dass von völlig unerwarteter Seite Licht auf die Geschichte des modernen philosophischen Denkens fällt und dadurch unversehens Parallelen

---

Für Goethe, siehe Dichtung und Wahrheit, 1. Teil, 1. Buch, in: *Gedenkausgabe der Werke, Brief und Gespräche*. Hrsg. von E. Beutler. Artemis, Zürich/Stuttgart, 1962², Bd. X, S. 36f.

und Zusammenhänge sichtbar werden, die noch ›hinter‹ oder ›unter‹ den ausgearbeiteten philosophischen Positionen liegen.

Es lässt sich nämlich behaupten, die Umweltkrise zeige, wie so unterschiedliche philosophische Strömungen wie der Neukantianismus, die transzendentale und existentielle Phänomenologie, Existenzphilosophie, analytische Philosophie und Neodialektik, welche nach eigener Ansicht oft unversöhnliche Standpunkte einnehmen, beziehungsweise dem Anschein nach so sehr auf verschiedener ›Wellenlänge‹ aussenden, dass nicht einsehbar ist, wie sie zu einem konstruktiven Gedankenaustausch kommen könnten, doch trotz aller Unterschiede ein gemeinsames Bezugssystem besitzen und so Sprösslinge desselben Stammes sind.

Mit dieser ersten Behauptung verbindet sich noch eine zweite, nämlich jene, dass die gemeinschaftlichen Ausgangspunkte und Prämissen, die den verborgenen Bezugsrahmen bestimmen, in dem die philosophische Reflexion (wenigstens deren Hauptstrom) in der modernen Zeit stattfindet, wesentliche Bedingungen für die Entwicklung des Umweltproblems bildeten. Die These lautet also, dass die moderne Philosophie, die wir als die philosophische Artikulation und Durchdenkung der Art und Weise des In-der-Welt-seins und der Wirklichkeitsauffassung des modernen Menschen betrachten dürfen, einen mehr als zufälligen Bezug zur Umweltkrise hat, weil die für den modernen Menschen charakteristische Sicht auf und Einstellung zu den Dingen einen mehr als zufälligen und äußeren Bezug zum Umweltproblem haben. Mit dem zuletzt Gesagten ist zugleich zum Ausdruck gebracht, dass die Umweltkrise –man kann nur sagen: selbstverständlicherweise – durch einen viel umfassenderen Ursachenkomplex erklärt werden muss als aus ausschließlich ideellen Faktoren. Soweit aber menschliche Verhaltensweisen, besonders auf der Makroebene und in institutionellem Zusammenhang, symbolisch vermittelt sind, also von einem kollektiv verwendeten Schema von Bedeutungen bestimmt sind, lassen sich Faktoren im ideellen Bereich zur Erklärung gesellschaftlicher Entwicklungen heranziehen. Auf die Umweltkrise angewandt bedeutet das, dass sie als nicht zufällige Nebenfolge der modernen industriellen Lebensweise auch aus dem für unsere Gesellschaft charakteristischen Denk- und Perzeptionsrahmen heraus verstanden werden muss. Wenn wir wie gesagt davon ausgehen, dass die moderne Philosophie (nochmals: in ihrem Hauptstrom) als die Explikation dieses Orientierungsrahmens aufgefasst werden kann, so ist damit zugleich gesagt, dass die Philosophie zum Entstehen der Umweltkrise ihren eigenen Beitrag geliefert hat. Das Umweltproblem ist somit auch in der modernen Philosophie vorprogrammiert.

›Das Maß ist uns fremd‹

Zur Charakterisierung des Wesens des ökologischen Problems wird regelmäßig auf die Maßlosigkeit und auf die ungehemmte Neigung zur Expansion, die unserer Art des Zusammenlebens eigen ist, hingewiesen. Das gesamte moderne Dasein, ob es nun die Wirtschaft, die Technik, die Wissenschaft, den Sport oder was auch immer betrifft, steht mit anderen Worten im Zeichen des Wachstums und der Grenzerweiterung. Es sieht deshalb so aus, dass das verbindende Element aller Formen der Degradierung der Umwelt in einer ständigen (und immer beschleunigten) Überschreitung der Grenzen der Tragfähigkeit unserer natürlichen Umwelt liegt. Ähnliches lässt sich aber auch von der Art und Weise sagen, wie unsere Gesellschaft mit den Fakten auf psychischem und sozialem Niveau verfährt. Der Kern der Umweltproblematik wird in diesem Gedankengang also im Umstand gesehen, dass der modernen Zeit jedes Maßhalten, jeder behutsame Umgang mit den Gegebenheiten der Situation verloren ging.

Zweifellos zeigt der Maßbegriff oder besser dessen Fehlen eine wichtige Spur eines besseren Verständnisses der Art und Hintergründe der Umweltproblematik. Die moderne Weise des Lebens und Denkens ist tatsächlich von einem geheimen oder sogar offen ausgesprochenen Unendlichkeitsstreben gekennzeichnet, von einer Lebenshaltung also, die alle Grenzen, wenn schon, dann nur vorläufig gelten lässt und damit jeden Gedanken an ein von außen vorgegebenes Maß verwirft. Schon Nietzsche mit seinem für diese Art von Dingen so scharfen Blick hat diesen Zug des modernen Daseins signalisiert:

> »Das Maß ist uns fremd, gestehen wir es uns; unser Kitzel ist gerade der Kitzel des Unendlichen, Ungemessenen. Gleich dem Reiter auf vorwärts schnaubendem Rosse lassen wir vor dem Unendlichen die Zügel fallen, wir modernen Menschen, wir Halbbarbaren – und sind erst dort in *unsrer* Seligkeit wo wir auch am meisten – *in Gefahr sind.*«[37]

Mangelndes Maßgefühl macht uns für Nietzsche also zu Halbbarbaren. Er bewundert daher

> »jene Augenblicke und Wunder, wo eine große Kraft frei willig vor dem Maßlosen und Unbegrenzten stehn blieb – wo ein Überfluß von feiner Lust in der plötzlichen Bändigung und Versteinerung, im Feststehn und Sich-fest-stellen auf einem noch zitternden Boden genossen wurde.«

Wohlgemerkt: Maßhalten ist bei Nietzsche nur eine Angelegenheit des freien Willens: darin äußert sich »eine große Kraft«. Nur, weil sich im Maßhalten eine hohe und starke Form des Menschseins zu erkennen gibt, weil es um ein *Sich*-fest-stellen, um ein *Sich*-zügeln geht, oder umgekehrt, nur weil Maßlosigkeit ein Zeichen der Schwäche und der Halbbarbarei ist, schätzt Nietzsche eine Haltung, aus der Maßgefühl spricht. Nicht das Maß als selbständige Größe ruft hier den Menschen zur Ordnung. In dieser Bedeutung ist Nietzsche nicht am Maßbegriff interessiert, schärfer formuliert: er hielte nichts davon. Nur auf dem Wege des selbstgeschaffenen Maßes ordnet der Mensch hier seine Existenz. Indem Nietzsche den Maßbegriff, wenn er denn schon gebraucht wird, so als Ingredienz der menschlichen Selbstdisziplinierung funktionieren lässt, zeigt er sich als moderner Mensch, der nur die von ihm selbst festgelegten Grenzen anerkennt.

---

[37] F. Nietzsche, Jenseits von Gut und Böse, Aph. 224, in: *Werke* in drei Bänden, hrsg. von K. Schlechta, Bd. II, Hanser, München 1955, S. 688.

Bekanntlich hatte schon fünfeinhalb Jahrhunderte vor Nietzsche Dante in seiner *Divina Commedia* in der Person des Ulysses (Odysseus) ein Bild des Menschentypus gezeichnet, der für die neue Zeit bestimmend werden sollte, jenes Menschen nämlich, für den jede Grenze eine Herausforderung bildet, sie zu überschreiten. Im 26. Gesang der ›Hölle‹[38] – es ist nicht ohne Bedeutung, dass die Geschichte an dieser Stelle steht – lässt Dante Ulysses erzählen, wie das Verlangen seine Verwandten und sein Land wiederzusehen, vor seinem »Durst nach Kenntnis vom Weltgetriebe … (und) von der Art der guten und bösen Menschentriebe« kapitulierte. Wie er mit seinen Kameraden die Herkulessäulen erreicht, welche die Grenze markieren, »dass der Mensch nicht weiter dränge«, fordert er sie auf weiterzufahren: »Bedenkt doch euren Ursprung, denkt, ihr seid nicht wie das Vieh! Und nie dürft ihr erkalten bei dem Erwerb von Kenntnis, Tüchtigkeit«. Es gelingt ihm, sie zu überreden. Fünf Monate segeln sie auf offenem Meer. Die Sterne der südlichen Hemisphäre steigen auf, der Nordpol versinkt hinter ihnen im Meer. Dann taucht in der Ferne plötzlich ein hoher Berg auf, wahrscheinlich der Berg der Läuterung. Von dort erhebt sich ein heftiger Sturm, der das Schiff verschlingt. Dante ist noch in genügendem Maß im Mittelalter verwurzelt, dass er den Menschen an der Vermessenheit, die ihm gesetzten Grenzen zu überschreiten, scheitern lässt.

Mit dem Maßlosigkeitsbegriff besitzen wir zweifellos einen Schlüssel für das Verständnis und zugleich auch für die Problematik der modernen Zeit. Namentlich hinsichtlich der Umweltkrise wird das ganz deutlich. Es ist daher nicht erstaunlich, dass manche Autoren die Lösung der heutigen Probleme in einer Rehabilitation der Kategorie des Maßes sehen. Werner Marx meint in seinem Buch *Gibt es auf Erden ein Maß?*[39] sogar, nicht so sehr die Begriffe ›gut‹ und ›böse‹ müssten als Schlüsselbegriffe des ethischen Vokabulars betrachtet werden, mit deren Hilfe die Maßstäbe des Handelns

---

[38] Zeile 86ff. Ich verwende die Übersetzung von Wilhelm Hertz, Fischer, Frankfurt a.M./Hamburg 1955.
[39] Fischer, Frankfurt a.M. 1986.

formuliert werden könnten, sondern der Maßbegriff sollte (jedenfalls heutzutage) diese Funktion haben. Marx entnimmt den Titel seines Buches einem Gedicht Hölderlins[40], der das Problem seiner Zeit schon darin sieht, dass das Maß und die Orientierung im menschlichen Dasein am falschen Ort, nämlich auf Erden, gesucht wird, ja im Menschen selber – auch hier ist die bestimmende Kategorie also jene des Maßes. Dass auf Erden ein Maß gefunden werden könnte, dass der Mensch maßbestimmende und nicht maßempfangende Instanz wäre, wird von Hölderlin bestritten:

> »Gibt es auf Erden ein Maß? Es gibt
> Keines ...«

Im Gegenteil ist es der Himmel, ist es, kurz und gut Gott, der bei Hölderlin für den Menschen die maßgebende Instanz ist, der denn auch erkennbar, »offenbar« sein muss:

> »... Ist unbekannt Gott?
> Ist er offenbar wie der Himmel? Dieses
> Glaub ich eher. Der Menschen Maß ists.«

Aus diesem Grund auch wird vom Menschen gesagt, er »heißet ein Bild der Gottheit«.

Diese transzendente Verankerung der dem menschlichen Dasein Richtung gebenden Maßstäbe wurde, so sagt Marx, in unserer Zeit fragwürdig. Wollen wir aber nicht in heillosen Subjektivismus und Nihilismus versinken, dann müssen wir andere Fundorte für Maß und Sinn entdecken. Der Weg, den Marx dann weiter verfolgt, erscheint mir nicht sehr reich an Perspektiven. Deswegen verfolge ich hier seinen Gedankengang nicht weiter. Es ging mir darum, dass Marx das Grundproblem der heutigen Zeit als eine Frage des Maßes formuliert.

Wie nun aber, wenn vom Maß Ähnliches gelten würde wie das, was der niederländische Philosoph Henk van Luijk einmal von Gott behauptet hat (und das mit Recht, wie mir scheint), dass

[40] Fr. Hölderlin, »In lieblicher Bläue ...«, in: Gedichte. Reclam, Stuttgart 1986, S. 202.

er nämlich nicht separat erhältlich ist? Maß wäre demnach ein bestimmten Arten des Lebens und Denkens von sich aus eigenes und für andere artfremdes Charakteristikum. Ersteres, so lässt sich behaupten, ist in der Regel in prämodernen Deutungen der Wirklichkeit und der menschlichen Existenz der Fall. Die Maßkategorie ist hier mit dem Wirklichkeits- und Selbstbild verwoben und spiegelt sich in der Art und Weise, wie man die Realität erfährt, versteht und sich zu ihr verhält.

Einige Beispiele: Soweit die Vorstellung vom Mythos als Denkschema stimmt, innerhalb dessen allen Dingen in der Urzeit (›in eo tempore‹) ihr Wesen und ihr natürlicher Ort in einem umfassenden Verwandtschaftsverband von allem mit allem[41] zugewiesen wurde, enthält eine solche Wirklichkeitsauffassung von vornherein eine Maßidee.

Eine ähnliche Vorstellungsweise, nur in einer reflektierteren Form, finden wir in der griechischen Philosophie in der Idee eines alles durchziehenden Weltgesetzes, das, in unserer Sprache ausgedrückt, seiner Art nach zugleich faktisch und normativ ist, in welchem Sein und Sollen also noch ungetrennt beisammen sind. Darum identifiziert man die kosmische Ordnung, von der Heraklit sagt, sie sei ungeschaffen dieselbe für alle Wesen[42], mit Dike, der Göttin der Gerechtigkeit, welche allem Bestehenden seinen Ort und seine Aufgabe zuweist. Sogar »Helios wird seine Maße nicht überschreiten: ansonsten werden ihn die Erinnyen, der Dike Schergen, ausfindig machen«[43] In diesem Schema der Dinge hat auch der Mensch seine bestimmte Natur und Stellung und sein spezifisches Maß. Dem entspricht eine Ethik – Ähnliches gilt übrigens für die Medizin –, welche im Zeichen von Harmonie, Ordnung und Ausgeglichenheit steht. Sie ist eine Ethik der Mitte und des

---

41 Für diesen »sympathetischen‹ Charakter des Mythos«, siehe u.a. E. Cassirer, *An Essay on Man*. Yale University Press, New Haven/London, 1962^2 (1944), S. 82ff.; K. Hübner, *Die Wahrheit des Mythos*. Beck. München 1985, passim.

42 H. Diels/W. Kranz (Hrsg.), *Die Fragmente der Vorsokratiker*, Bd. I 1956 (Neudr. 1985), Fr. 30.

43 Fr. 94.

Maßes[44], in ihr ist die Besonnenheit (*sophrosyne, temperantia*) eine Grundhaltung oder Haupttugend.

Wenn als drittes und letztes Beispiel Josef Pieper in seinem prächtig geschriebenen Büchlein *Zucht und Maß*[45] diese vierte der Kardinaltugenden erörtert, beginnt er mit dem Hinweis, in der modernen Zeit seien alle Bedingungen für ein gründliches Missverstehen dessen, was die ›klassische‹ Philosophie (das heißt bei Pieper vor allem: Thomas) unter *temperantia* verstehe, erfüllt. Namentlich die Assoziationen, welche unser Terminus ›Mäßigung‹ hervorruft, sind, so sagt er, viel zu negativ, als handle es sich dabei um ein Zügeln oder Eindämmen, um eine von außen kommende, einschränkende Aktivität also. Demgegenüber geht es bei ›*temperantia*‹ um eine »innere Ordnung des Menschen«. Dabei wird die menschliche Existenz seiner eigentlichen Natur entsprechend auf dem Wege der Einsicht geordnet. Temperantia meint somit keineswegs, dass einem Beschränkungen auferlegt würden, wo man von sich aus weitergehen möchte, sondern dass man sich an das spezifische mit dem Menschsein als solches vorgegebene Maß hält. Dahinter steht für Pieper die Idee der Schöpfung. Sie ist für ihn sogar der zutiefst grundlegende Gedanke der Seinsmetaphysik: »... die Lehre von der Schöpfung (ist) tatsächlich der verborgene, aber eigentlich tragende Grund der klassisch-abendländischen Seinsmetaphysik ...«[46] Mit der Schöpfungsidee ist aber der Gedanke, alles habe sein spezifisches Maß (mensura[47]), unmittelbar mitgegeben. Denn durch Gottes schöpferisches und damit zugleich ›maßgebendes‹ Erkennen (*mensurans non mensuratum*) empfängt die Wirklichkeit ihr Maß. Diese wird (*mensuratum et mensurans*) wiederum für das menschliche Erkennen maßgebend, das lediglich maßempfangend ist (*mensuratum non mensurans*).

---

44 Siebe z.B. Br. Snell, *Die Entdeckung des Geistes*. Claassen, Hamburg 1955³, S. 227ff., 251.

45 Kösel, München 1964⁹ (1939).

46 J. Pieper, Unaustrinkbares Licht. Kösel, München 1963², S. 22.

47 »...in dieser nicht-quantitativen Bedeutung (einen) uralten, vermutlich pythagoreischen Begriff.«, Pieper, *a..a..O.*, S. 24.

Kurzum, im prämodernen Denken, welcher Art auch immer, gehört das Maß wesentlich zum Schema der Dinge. Hier kann ›temperantia‹ auch eine ›natürliche‹ Haltung des Menschen sein, die nicht nur seiner inneren Art nicht widerstreitet, sondern im Gegenteil danach strebt, seine eigentliche Natur zu entfalten.

Schlüsselbegriffe des modernen Denkrahmens

Derartige summarische Hinweise zeigen gleichzeitig, wie unmodern das alles ist. Es stärkt nur noch die Vermutung, dass nicht zufällig, durch irgendein unglückliches Zusammentreffen von Umständen, »das Maß uns fremd ist«, um nochmals Nietzsche zu zitieren, sondern dass Modernität und Maß in einem äußerst problematischen Verhältnis zueinander stehen. Wenn das allerdings so ist, wenn Maßlosigkeit ein Grundzug des modernen Lebens und Denkens ist, den wir überall, sowohl in Haltungen und Handlungsweisen wie in Begriffen und Überzeugungen gespiegelt wiederfinden, dann bedeutet das, dass die Umweltproblematik, die wie gesagt eine Maßlosigkeitsproblematik ist, innerhalb des modernen Denk- und Orientierungsrahmens als prinzipiell unlösbar betrachtet werden muss.

Ich unternehme im Folgenden einige Exkurse in die Geschichte der modernen Philosophie. Dabei gehe ich, wie gesagt, davon aus, dass die Philosophie die begriffliche Artikulation und Durchdenkung des Wirklichkeits- und Selbstbildes einer bestimmten Zeit, in diesem Falle also der modernen Zeit, ist. Ich mache diese Exkurse anhand der von der Umweltproblematik aufgerufenen Frage, worin bei genauerer Betrachtung die Unvereinbarkeit oder die zumindest äußerst mühselige Relation von Modernität und Maß liegt. Die Geschichte der modernen Philosophie wird auf diese Weise also, das war unser anfänglicher Gedanke, im Lichte eines aktuellen Problems neu gelesen, mit der selbstverständlichen Absicht, zur Diagnostizierung unserer Situation beizutragen und so die vorhandenen Möglichkeiten oder Unmöglichkeiten einer Heilung besser beurteilen zu können.

Meiner Ansicht nach lässt sich (siehe die Einleitung) der Bezugsrahmen der modernen Zeit, wie er von der nachmittelalterlichen Philosophie, jedenfalls in ihrem Hauptstrom, expliziert worden ist, mittels dreier Stichwörter charakterisieren: Mechanisierung des Weltbildes, Aktivismus und Anthropozentrismus. Der erstgenannte, bekanntlich von Dijksterhuis[48] stammende, hier aber in einem weiteren Sinne verwandte Ausdruck verweist auf die sich seit dem 16. Jahrhundert in der abendländischen Welt durchsetzende Wirklichkeitsauffassung. In dieser Sicht erscheint die Natur als eine Gesamtheit toter, seelenloser Dinge, in der alles mechanisch vor sich geht und aus der alle qualitativen Eigenschaften wie Farbe, Klang, Wärme, Schönheit, alles Imposante, jegliche Lieblichkeit usw., kurz alle sogenannten sekundären Qualitäten beseitigt worden sind. Übrig bleibt nur räumliche Materie sowie Bewegung (Descartes) oder Kraft (seit Leibniz und Newton), kurz ›Kraft und Stoff‹, wie es lange heißen wird. In dieser Welt hat alles, einschließlich der lebendigen Wirklichkeit, den Charakter eines Automaten oder einer Maschine[49]. Die große Metapher, speziell auch für die gesamte Natur, ist denn auch die mit eiserner

---

48 E.J. Dijksterhuis, *Die Mechanisierung des Weltbildes,* Berlin/Göttingen/Heidelberg 1956.
Begriffe, die auf die gleiche Entwicklung hindeuten, aber die Akzente anders legen, sind: Entzauberung, Desakralisierung. Versachlichung, Verdinglichung, Rationalisierung u.a.

49 Siehe z.B. R. Descartes, Médiations, VI, wo er den menschlichen Körper mit einer »horloge composée de roues et de contre-poids« vergleicht und ihn als »une machine tellement bâtie et composée d'os, de nerfs, etc« bezeichnet. Im gleichen Sinn Discours de la méthode, V, wo auch die Tiere als Maschinen betrachtet werden. Kant erörtert in entsprechendem Sinn das Problem der internationalen Beziehungen, die, wie er sagt, durch eine gesetzmäßige Verfassung der einzelnen Staaten und durch gemeinschaftliche Verabredung und Gesetzgebung im äußeren Verhältnis zwischen den Staaten in einen Zustand gebracht werden sollen, »der, einem bürgerlichen gemeinen Wesen ähnlich, so wie ein *Automat* sich erhalten kann« (Kursivierung von Kant selbst), in: »Idee zu einer allgemeinen Geschichte in weltbürgerlicher Absicht«, Siebenter Satz, in: *Kants ges. Werke,* Bd. 8, Akad.-Ausg., Berlin 1923, S. 25. Politik wird hier zur Lösung eines,technischen Problems, nämlich des friedlichen Zusammenlebens der Menschen. Eine entsprechende Argumentationsweise findet sich bei Hobbes, Spinoza und vielen anderen und

Regelmäßigkeit forttickende Uhr. Alles Geschehen vollzieht sich hier ja im Einklang mit Kausalgesetzen, die keinerlei Ausnahme oder Unbestimmtheit zulassen.

Wie gesagt, kennt die so verstandene Natur als objektive (›primäre‹) Qualitäten nur solche Eigenschaften, die sich mit Hilfe von Materie und Bewegung bzw. Kraft ausdrücken lassen. Alle sekundären Eigenschaften beruhen auf Umdeutung oder sogar Projektion seitens des Subjekts. Sie sind also teilweise oder sogar gänzlich subjektiver Art. Zu den teilweise subjektiven Eigenschaften, welche also noch eine Grundlage im Objekt haben, gehören Farbe, Klang, Härte usw. Zu den gänzlich auf Projektion beruhenden Eigenschaften gehören alle normativen Prädikate. Die Natur ist ebenso wenig schön oder hässlich wie sie gut oder böse, lieblich oder grausam oder was auch immer ist. In sich selbst ist sie dieser Auffassung zufolge völlig ›wert-los‹. Besonders jede Form einer Bestimmung, eines Sinnes oder Zweckes, die sie von sich aus haben sollte, ist ihr fremd. Ihre Existenzweise ist reines ›Da-sein‹, weiter nichts. Die Mechanisierung des Weltbildes steht also in einer inneren Beziehung zur radikalen, für die moderne Philosophie kennzeichnenden Trennung von ›Sein‹ und ›Sollen‹.

Inmitten dieser Wirklichkeit seelenloser und von sich aus bedeutungsloser Dinge gehört aus dieser Sicht der Mensch einer ganz anderen Ordnung an: das Gebiet, in dem er zu Hause ist und das seine Identität bestimmt, ist jenes des Denkens und des Selbstbewusstseins, das durch eine unüberbrückbare Kluft – eine ›distance infinie‹, wie Pascal sagt[50] – vom Bereich körperlicher

---

bestimmt auch in hohem Maße das Gesicht der modernen Politik- und Verwaltungswissenschaft.

In der »Grundlegung zur Metaphysik der Sitten« spricht Kant von »dem Naturganzen, ob es schon als Maschine angesehen wird ...«, *Kants ges. Werke,* Bd. 4, Akad.-Ausg., Berlin 1911, S. 438.

Zum ganzen Thema siehe den Artikel, »Maschine« von W. Schmidt-Biggemann, in: J. Ritter,K. Gründer, Hrsg., *Historisches Wörterbuch der Philosophie,* Wissensch. Buchgesellsch., Darmstadt, Bd. 5 (1980), Sp. 790ff.

50 Blaise Pascal, *Gedanken,* übersetzt und herausgegeben von Ewald Wasmuth, Reclam, Stuttgart 1980, Fr. 328 (Brunschvicg, fr. 793).

Dinge getrennt ist. In diesem Denken liegt auch des Menschen Adel und Würde. Ganz klar ist in diesem Punkt folgender Aphorismus von Pascal, der aber nichts anderes aussagt, als was sich auch bei Pico della Mirandola, Descartes, Spinoza, Leibniz, Kant, Fichte und vielen anderen findet:

> »Unsere ganze Würde besteht also im Denken, an ihm müssen wir uns aufrichten und nicht am Raum und an der Zeit, die wir doch nie ausschöpfen werden. Bemühen wir uns also, richtig zu denken, das ist die Grundlage der Sittlichkeit.«[51]

Wenn der Mensch seiner physischen Seite nach auch höchst verletzlich ist – »nicht ist es nötig, dass sich das All wappne, um ihn zu vernichten: ein Windhauch, ein Wassertropfen reichen hin, um ihn zu töten«[52] –, durch seine Vernünftigkeit und sein Selbstbewusstsein übersteigt er diese Welt körperlicher Dinge, die von sich nicht wissen, unendlich:

> »Alle Körper, das Weltall und die Sterne, die Erde und ihre Königreiche [kurz: die körperliche Natur, VdW] wiegen nicht den geringsten der Geister auf; denn der Geist erkennt das alles und sich selbst, und die Körper: nichts.«[53]

Die Natur, so kann man das eben Gesagte auch formulieren, ist aus dieser Sicht dem Menschen völlig fremd. Auch das wird bei Pascal in aller Schärfe sichtbar. Mit dieser mechanisierten Natur ohne Inneres ist keine Kommunikation oder Beziehung in irgend einer Form möglich. Im Gegenteil, das in diesen unermesslichen Räumen herrschende ewige, schauderhafte Schweigen kann nicht anders als sehr bedrohlich und beängstigend empfunden werden. Hier wird das Gefühl äußerster Einsamkeit und Heimatlosigkeit des Menschen in der Welt ausgedrückt, ein seither oft behandeltes Thema. Am nachdrücklichsten wurde es in der Existenzphilo-

---

51 Fr. 119 (Br. 347).

52 52 *Ibid.*

53 Fr. 328; vgl. 120 (Br. 348).

sophie ausgesprochen, der Philosophie der Ungeborgenheit par excellence[54]. Die Grundsituation des Menschen ist hier die des Geworfenseins in eine sinnlose, absurde Welt, die ihm allseits angrinst, in der er trotzdem versuchen muss, Fetzen von Sinn zu stiften.

Eine gegensätzliche Wirklichkeitsauffassung

Für ein möglichst deutliches Bild von dem hier Geschehenen unterbreche ich nun kurz den Gedankengang und kontrastiere das oben skizzierte Menschen und Wirklichkeitsbild mit demjenigen, das vom Indianerhäuptling Seattle in seiner bekannten Ansprache aus dem Jahre 1854[55] dargestellt wurde. Der Anlass zu dieser Ansprache war der Wunsch der amerikanischen Regierung, das Land der Dwamish, des Stammes von Seattle, zu kaufen, ein in seinen Augen unmöglicher Gedanke. An die Stelle einer Welt aus in sich selbst bedeutungslosen Dingen, aus der alle qualitativen Eigenschaften beseitigt wurden und in welcher sich der Mensch nur als ein Heimatloser und Außenseiter fühlen kann, stellt Seattle das Bild einer an Qualitäten sehr reichen Welt, in der alles seine eigene Seinsweise und Rolle hat und in welcher infolgedessen alles respektwürdig, ›heilig‹ ist:

---

54 Siehe z.B. O.F. Bollnow, *Neue Geborgenheit. Das Problem einer Überwindung des Existentialismus*. Kohlhammer, Stuttgart 1960^2.

55 Der Text der Ansprache findet sich in Roger Moody, *Indigenous Voices: Visions and Realities*. Zed Books, London, New Jersey 1988, S. 40 – 50. Neuerdings zweifelt man an der Echtheit der Ansprache. Siehe David Suzuki, Peter Knudtson, eds., *Wisdom of the Elders Honouring Sacred Native Visions of Nature*. Bantam Books, New York 1992, S. XXff. Ich unterschreibe aber ihr Urteil, dass ihrer Vorstellungsweise nach die Ansprache ein wertvolles Dokument bleibt, das von vielen Seiten her bestätigt worden ist.
Für ausführlichere Beschreibungen des indianischen Wirklichkeitsbewusstseins siehe u.a. J.E. Brown, *The Spiritual Legacy of the American Indian*. Crossroad, New York 1987; W. Müller, *Indianische Welterfahrung*. Klett-Cotta, Stuttgart 1987.

»Jedes Stück dieses Landes ist heilig für mein Volk. Jede Tanne, die in der Sonne glänzt, jeder Sandstrand, jeder Nebel in den dunklen Wäldern, jede Lichtung, jede summende Biene ist heilig in den Gedanken und Erinnerungen meines Volkes.«

Mit allem, was ihn umgibt, steht der Mensch in direkter Beziehung, stärker: in einem Verwandtschaftsverhältnis:

»Die duftenden Blumen sind unsere Schwestern, das Rentier, das Pferd, der große Adler unsere Brüder. Die Schaumkronen des Flusses, der Saft der Wiesenblumen, der Schweiß des Ponys und des Mannes, es ist alles desselben Geschlechts ... Alles hängt zusammen wie das Blut, das Verwandtes verbindet. Alles hängt mit allem zusammen.«

Innerhalb dieses großen Lebensverbandes der Natur ist der Mensch darum nicht im geringsten einsam. Im Gegenteil, er freut sich an seinen Mitgeschöpfen, an den Tieren, den Wäldern, den Flüssen. Ohne sie wäre das Leben arm und einsam:

»Was wäre der Mensch ohne Tiere? Wenn alle Tiere weg sind [das Ergebnis des destruktiven Benehmens des weißen Mannes], wird der Mensch an einem Gefühl großer Einsamkeit sterben.«

Weil die Dinge in diesem Universum ein eignes Wesen und eine eigene Seinsweise haben und deswegen eine Form der Unantastbarkeit, lässt sich mit ihnen nicht nach Gutdünken schalten und walten. Auch von einem Besitzen und Disponieren kann hier nicht die Rede sein. Deshalb können nach Art der Weißen die Erde, die Flüsse, die Luft usw. nicht verkauft werden. In diesem Falle würden sie dann tatsächlich als Sachen betrachtet, über die beliebig verfügt werden könnte. Dass dies die Haltung des Abendländers ist, wird von Seattle scharf gesehen, wiewohl sie für ihn nicht einfühlbar ist:

»Für den weißen Mann ist ein Grundstück dem andern gleich. Er ist ein Fremder (!), der in der Nacht kommt und vom Lande wegnimmt, was er braucht. Die Erde ist nicht sein Bruder, sondern sein Feind (!). Und wenn er sie erobert (!) hat, zieht er weiter. Es lässt ihn alles

> kalt ... Er behandelt seine Mutter, die Erde, und seinen Bruder, die Luft, als Kaufware, die er ausnützen und wieder verkaufen kann wie billige bunte Glasperlen.«

In Seattles Welt ist der Mensch in das nicht von ihm selber hergestellte Netz des Lebens wie ein Faden eingewoben. Und wenn schon von einem Dazugehören die Rede ist, so gehört nicht die Erde dem Menschen, sondern ist es andersherum. Damit ist das Maß seines Handelns vorgegeben. Der moderne, abendländische Mensch hingegen hat sich außerhalb eines solchen Naturverbandes gestellt. Er hat die Natur aller ihrer qualitativen Eigenschaften entkleidet, so dass sie kein Grund mehr sein können, sie mit Rücksicht und Respekt zu behandeln. Mit der modernen Versachlichung ist speziell jede Form der ›Heiligkeit‹ als eine den Dingen selbst inhärente Qualität verloren gegangen. Dadurch ist die Welt der Natur nun dem Eroberungszug des Menschen schutzlos ausgeliefert. Seitens einer völlig ›entzauberten‹ und ins Profane gezogenen Natur steht solchem Eroberungsstreben jedenfalls weiter nichts im Wege.

Der deutsche Philosoph Hans Jonas hat wiederholt die Meinung geäußert, dass eigentlich nur eine Rehabilitierung der Kategorie des Heiligen die Probleme der technologischen Gesellschaft lösen könne. Zum Problem, wie wir den entfesselten technologischen Prozess wieder unter Kontrolle bringen könnten, schreibt er: »Wir müssen wieder Furcht und Zittern lernen und, selbst ohne Gott, die Scheu vor dem Heiligen.« Und an anderer Stelle: »Der Gegenstand [nämlich die Besinnung hinsichtlich einer Ethik der Technik, speziell der genetischen Technologie] macht es nicht leicht, die Kategorie des Heiligen seiner Erörterung fernzuhalten.«[56] Wie vielversprechend es aber auch immer scheint, dieser Weg ist, wie Jonas selbst einsieht, unbegehbar, weil er in völligem Widerspruch zur modernen Denkart steht. Nach dem zuletzt zitierten Satz fährt er deshalb fort: »Aber die Wissenschaftlichkeit [die Verkörperung der modernistischen Denk- und Lebenshaltung] duldet sie nicht und ich füge mich.« Auch für das Heilige gilt

---

[56] Hans Jonas, *Technik, Medizin und Ethik,* Suhrkamp, Frankfurt a.M., 1987, resp. S. 218 und 200.

offenbar wie für Gott und für das Maß, dass es nicht separat erhältlich ist. Es kann, falls notwendig, sozusagen nicht ohne weiteres dem modernen Referenzsystem beigefügt werden.

Der Leitgedanke war, dass der modernen Art des Lebens und Denkens ›das Maß fremd ist‹, und dass das nicht zufällig (und dann mehr oder weniger leicht reparierbar) so ist, sondern dass wir hier ein Strukturmerkmal des modernen Daseins vor uns haben, das sich überall auf theoretischer wie auf praktischer Ebene wiederfinden lässt. Seattles Ansprache macht das in der Gegenüberstellung deutlich sichtbar. Im Disput zwischen Indianern und weißen Amerikanern handelte es sich, wie schon gesagt, um den Verkauf von Grund und Boden, und damit letztlich um die Eigentumsauffassung. Genau hier wird auch der ungeheure Unterschied in der Lebenshaltung klar. Wo sich der Mensch mit dem ihn Umgebenden in einen umfassenden Lebens- und Verwandtschaftsverband aufgenommen weiß, wo die Tiere, die Dinge und besonders auch die Erde Wesen sind, mit denen er interagiert und kommuniziert, dort wird das menschliche Handeln auf eine selbstverständliche Weise durch Maßhalten bestimmt. Es ist kein als unbequeme äußere Begrenzung dieses Handelns empfundenes Maß. Im Gegenteil ruht es von Natur aus im Umgang mit als verwandt erfahrenen Wesen mit einer eigenen Identität und Präsenz. Wird die Natur in der modernen abendländischen Perspektive hingegen zu einem Ensemble blinder und stummer Dinge ohne Inneres und Selbst, zu Dingen also, mit denen kein Umgang und Verhältnis möglich ist, dann liegt der Weg offen, über die so verstandene Natur nach Gutdünken zu verfügen. Alles kann hier ungehindert den Status des Eigentums erhalten. In der modernen Staats- und Rechtsphilosophie ist denn auch nach nahezu einstimmiger Ansicht alles in der Natur, besonders auch der Boden, beliebig aneigenbar, selbstverständlich soweit es nicht eher angeeignet oder okkupiert wurde. Es gibt mit anderen Worten keine Sachen, die ihrer Art nach ›res nullius‹, niemandes Eigentum wären. Und falls, wie von Rousseau, gegen eine solche Auffassung schon Bedenken vorgebracht werden, so aus Gründen, die in der zwischenmenschlichen Ebene liegen, weil Eigentum nämlich Ungleichheit und Zwietracht zwischen den Menschen verursacht und somit Verbrechen, Kriege, Morde usw. mit sich bringt[57], nicht, weil die Dinge ihrer eigenen Seinsweise wegen eine solche Aneignung nicht zuließen.

Der Eigentumsbegriff der modernen Zeit verdeutlicht zugleich, dass das Verfügen über die Natur nicht nur dem Umfang nach (der Art von Dingen, um die es geht), sondern überhaupt keine Grenzen mehr kennt. Das Eigentumsrecht erhält seit dem 17. Jahrhundert nämlich die Bedeutung eines Rechtes auf absolute und unbeschränkte Verfügung über eine Sache. Wie der im 17. Jahrhundert lebende französische Jurist Pothier[58] schreibt, enthält das Eigentumsrecht nicht nur das Recht, »alle Früchte, die eine Sache erzeugt, zu genießen«, sondern auch die Befugnis, »eine Sache nicht nur zum Gebrauch, wozu sie ihrer Natur nach bestimmt ist, zu verwenden, sondern zu jedem beliebigen Gebrauch, den man wünscht.« Letzteres bedeutet besonders auch »das Recht des Eigentümers, die Sache gänzlich nach seinem Gutdünken zu vernichten. Zum Beispiel hat der Eigentümer eines schönen Gemäldes das Recht es zu übermalen bzw. es verschwinden zu lassen. Ebenso hat der Eigentümer eines Buches das Recht, es ins Feuer zu werfen oder es zu zerreißen.«

Kurzum, Eigentum ist nach modernem Verständnis mit den Worten des einflussreichen englischen Rechtsgelehrten William Blackstone »... that sole and despotic dominion which one man claims and exercises over the external thing of the world, in total exclusion of the right of any other individual in the universe.«[59] Dass dieses Verfügungsrecht über eine Sache einen totalen und

---

57 J.-J. Rousseau, *Discours sur l'origine de l'inégalité parmi les hommes* (viele Ausgaben), II. Teil, Anfang.

58 »Traité de domaine de propriété« (1771), in: *Oeuvres*, Bd. IX, Paris 1845–1848, S. 103.

59 *Commentaries on the Laws of England*, Bk. II, Oxford 1773^5 (1765), S. 2.

despotischen Charakter hat, das lässt sich auch bei vielen anderen Autoren nachlesen.[60]

Hinsichtlich der Natur ging, wie hiermit deutlich ist, jedes Maß verloren. Die einzige aus dieser Perspektive dem Eigentumsrecht auferlegte Beschränkung liegt im Recht oder dem Interesse anderer Menschen. Der einzige Punkt in der Debatte ist, wie restriktiv (Locke, Kant u.a.) oder weit (Rousseau, Von Ihering u.a.) die Beschränkung ausgelegt werden soll. Auch die radikaleren Formen der Eigentumskritik wie jene von Proudhon, Linguet, Kropotkin, Marx und anderen umkreisen doch immer den Punkt, die Institution des Eigentums sei, jedenfalls in ihrer bestehenden Form, ein Mittel der Ausnützung des einen Menschen durch den anderen. Auf der ganzen Linie, darin stimmen Locke, Rousseau, Kant, Marx und die anderen Genannten überein, ist das Denken in dem Sinne ›anthropozentrisch‹, dass der dominierende Gesichtspunkt das Interesse und die Entfaltung des Menschen ist. Damit kommen wir zu einem anderen oben für den modernen Bezugsrahmen kennzeichnend genannten Zug, nämlich dem eines radikalen Anthropozentrismus.

Anthropozentrismus, Autonomie

Oben wurde festgestellt, der moderne Mensch zähle sich, jedenfalls hinsichtlich seiner eigentlichen Identität, nicht als zur Ordnung der Natur, sondern als zu jener des Geistes gehörig. Mit Hilfe seiner Vernunft ist er imstande, sich der Herrschaft des Von-außen-bestimmt-seins, oder wie Goethe sagt: des Geschobenwerdens, dem alles in der Natur unterworfen ist, zu entziehen und ist er fähig, Herr seiner eigenen Existenz, *sui juris*, mit einem Wort: frei zu sein. Diese Freiheit sowohl im negativen Sinne der Unabhängig-

[60] Im gleichen Sinne z.B. der Franzose J.C.F. Demolombe (1804–1887), die Deutschen G.F. Puchta (1789–1846) und B. Windscheid (1817–1892) und der Niederländer N.F.K. Land (1840–1903).

keit von Fremdbestimmung (Heteronomie) als auch im positiven Sinne der Selbstbestimmung (Autonomie) ist bekanntlich das definierende Merkmal des Menschseins in der modernen Zeit. Der Mensch kann daher nicht länger als von einer kosmischen Ordnung bestimmt gedacht werden, es sei denn, er könnte sich selbst wie bei Spinoza als teilhabend am göttlichen Sein verstehen und so am *Causa-sui-sein* der göttlichen Substanz. Im Besonderen kann sich der Mensch hier nicht länger, wie in der mittelalterlichen Philosophie, als Kreatur verstehen, dessen Natur von Gott vorgedacht (und folglich mensuriert) wurde: schon bei Pico della Mirandola beruht die Menschenwürde darin, dass der Mensch seine eigene Natur wählt, in bestimmter Hinsicht also Schöpfer seiner selbst ist. Und noch Sartres Atheismus beruht auf der Erwägung, dass, wenn Gott existierte, unsere Essenz festgelegt wäre. Sie ginge also unserer Existenz voraus, während die menschliche Freiheit erfordert, dass, eben umgekehrt, die Existenz der (selbstgewählten) Essenz vorangeht. Ebenso widersetzt sich die menschliche Würde der Idee, das moralische Gesetz sei eine vom Menschen unabhängige, außerhalb von ihm gelegene Instanz, die ihm Verpflichtungen auferlegte, deren Autor er nicht selber ist. Das moralisch Gute existiert mit anderen Worten nicht unabhängig vom Willen. Das Gute ist gut, heißt das, weil es gewollt, weil es Objekt bewusster Wahl ist. Moralische Verpflichtung kann deswegen nur Selbstverpflichtung sein. In Kants prägnanter Formulierung: »Niemand ist obligirt, außer durch seine Einstimmung.«[61] Hier liegen, wie klar ist, die Wurzeln der modernen Demokratie und Mitbestimmungskultur.

In der Fähigkeit zur Selbstbestimmung liegt nach moderner Ansicht also die Würde oder Respektwürdigkeit des Menschen. Respekt kann hier übrigens eigentlich nur die Form des Selbstrespekts, der Achtung des vernünftigen Menschen vor sich selber, annehmen. Die Fähigkeit zur Selbstbestimmung ist weiter faktisch der einzige innere Wert, den es gibt. Deshalb hat bei Kant – aber

---

[61] Reflexionen zur Moralphilosophie, 6645, in: *Kants ges. Werke*, Akad.-Ausg. Bd. 19, Berlin 1934, S. 123.

nicht anders liegt die Sache bei Hegel, Kierkegaard, Jaspers, Sartre und vielen anderen – nur die Person einen unersetzlichen Wert und hat alles, was keinen Personalcharakter hat (Tiere und Dinge, kurzum der Naturbereich) nur einen von außen festgesetzten Preis[62]. Stärker noch: die gesamte Natur erhält nur Sinn und Bedeutung, indem sie in der Geschichte der Realisierung der menschlichen Freiheit mitwirkt. Ob es nun Lessing, Kant, Fichte, Hegel, Marx, Sartre oder einen modernen Pragmatisten wie F.C.C. Schiller betrifft, stets ist die Natur hier das Material, in und an dem sich die Freiheit des Menschen verwirklicht. Sehr ausgesprochen ist in dieser Hinsicht die Position Fichtes (und des späten Kant), wo das Subjekt oder Ich sich selber ›setzt‹, welcher Akt zugleich die Setzung des Nicht-Ich, der Welt der Naturobjekte als Gegenstück des Bewusstseins, mit einschließt. Über die Welt der Objekte, über ihre Bauform und Struktur, lernt das Bewusstsein indirekt seine eigene Bauform und Struktur kennen. Das ist bei Fichte überhaupt der Sinn der Naturerkenntnis, nämlich Mittel zur Selbsterkenntnis des Ich zu sein. Am Pendanten der Natur mit ihrer Kausalität gelangt das Ich zur Einsicht seiner eigenen Freiheit und Autonomie und seiner Überlegenheit hinsichtlich des Nicht-Ich. Und so wenig bei Fichte das Erkennen der Natur Zweck in sich selbst ist, ist das beim Handeln angesichts der Natur der Fall. Auch hier ist die Natur nur Mittel, nämlich der Realisierung meiner selbst als autonomes, vernünftiges Wesen, ›Material der Pflicht‹, um Fichtes eigene Worte zu verwenden.[63]

---

[62] I. Kant, »Grundlegung zur Metaphysik der Sitten«, in: *Kants ges. Werke*, Bd. 4, Akad.-Ausg., Berlin 1911, S. 434f.

[63] Siehe J.G. Fichte, »Wissenschaftslehre«, in: *Werke*. Hrsg. von der Bayer. Akad. d. Wiss., Bd.1.2. Frommann/Holzboog, Stuttgart 1964, S. 260ff.; »Grundlagen des Naturrechts«, *Werke*, Bd. I.3, S. 329ff. »Appellation an das Publikum«, *Werke*, Bd.1.5, S. 430 u.a.

Eine moderne Version ist Rortys Auffassung des Philosophen als eines,Poeten‹, desjenigen, der neue Bedeutungen erfindet, neue Metaphern schafft und so »der Sprache sein Merkzeichen aufdrückt« (»thus I willed it«). Dieses alles auf der Basis einer radikalen Dedivinisation der Welt, des Selbst und der Sprache. Siehe R. Rorty, *Contingency, Irony and Solidariry*. Cambridge 1989, passim (die Zitate stehen

Aus dieser Sicht kann die Natur, wie klar ist, kein Gegengewicht zum menschlichen Handeln bilden. Der Mensch, seine Freiheit und seine Selbstverwirklichung wurden hier im totalen Sinn zum Maß der Dinge. Die Distanz zur Anschauung Seattles lässt sich kaum größer vorstellen. Nennt dieser die Erde und jede Tanne und Biene heilig, mit denen man deshalb nicht nach Gutdünken verfahren kann, und nennt er die Tiere, die Blumen und die Flüsse seine Schwestern und Brüder und sagt, der Mensch sei ein Faden im Gewebe der Natur, das er nicht selbst gewoben hat, so ist demgegenüber bei Fichte an der Natur nichts heilig oder gar bedeutungsvoll und von einer Verwandtschaft kann schon gar nicht die Rede sein, noch deutlicher: die ganze Natur muss vom menschlichen Subjekt aus verstanden werden. Die Dinge als solche interessieren den Menschen überhaupt nicht, nur als Material der Selbsterkenntnis und Selbstverwirklichung. Das ist auch der hinter der oben hervorgehobenen totalen und unbeschränkten Eigentumsidee stehende Gedanke, die Freiheit brauche nämlich für ihre Realisierung im Bereich des Äußeren Objekte, über die man dann auch beliebig verfügen könne. Der Sinn des Eigentums ist also jener des Disponieren-könnens über Sachen, die als Verlängerungsstück der eigenen Person, als Vehikel der eigenen Freiheit in der Außenwelt dienen und auch einzig unter diesem Aspekt betrachtet werden.

Seitens der Natur, so können wir folgern, wird jedenfalls im Hauptstrom des abendländischen Denkens dem menschlichen Handeln überhaupt kein Maß gesetzt. Jedenfalls nicht prinzipiell: wenn die Natur nur noch ausschließlich Material und Medium zur menschlichen Selbstverwirklichung ist, wenn das also ihr Sinn und ihre Bedeutung ist, welcher in der Natur selbst gelegene Grund könnte dann angegeben werden, um dieser Freiheit Grenzen zu setzen? Dazu muss die Natur unabhängig von ihrer Funktion als Gefährt der menschlichen Freiheit in sich selbst Wert und Bedeutung haben. Quod non, wie ausgeführt wurde. Höchstens

---

auf S. 24 und 37). Postmodern benanntes Denken ist hier also die unmittelbare Fortsetzung des modernen Denkens.

kann von Grenzen im pragmatischen Sinne gesprochen werden, die besonders in der Beschränktheit unseres Erkennens und Könnens bezüglich der Natur liegen. Das bedeutet aber zugleich, dass sich gegen die Erweiterung der Grenzen dieses Erkennens und Könnens kein einziges vernünftiges Argument anführen lässt. Stärker: wenn es der Sinn der Natur ist, Material der Freiheit zu sein, so soll die Grenzerweiterung mit dem Einsatz aller Kräfte betrieben werden. Wie das auch tatsächlich geschieht.

Die einzige grundsätzliche Freiheitsbeschränkung, die das moderne Denken kennt, liegt im Respekt vor der Freiheit des anderen Menschen. Dabei bleibt aber erstens die Natur außer Sicht, wenigstens unmittelbar. Sie sollte nur geschont werden, weil und insofern meine und anderer Leute Freiheit das erfordert. Im Übrigen wäre sie vogelfrei. Und zweitens handle es sich hier auch nur um eine externe Grenze, von der eigentlich bedauert werden muss, dass sie notwendig ist. Freiheit im modernen Sinn erkennt im Grunde keine Grenzen an. Im negativen Sinne ist sie mit den Worten Isaiah Berlins »the conception of a field (ideally) without obstacles, a vacuum in which nothing obstructs me.«[64] In diesem Sinne des ›Machen-könnens-was-man-will‹ ist Freiheit expansiv ausgerichtet, kennt sie kein inhärentes Maß. Die Abstimmung meiner Freiheit mit jener des anderen blieb in der modernen Philosophie darum immer ein heikles Problem. Radbruch nennt sie »ein Paradoxon, ... das Grundproblem des rechtsphilosophischen Individualismus ...«[65] Das ändert sich nicht, wenn wir von der negativen zur positiven Konzeption der Freiheit als Autonomie übergehen. Die moderne Freiheit kennt kurz und gut kein inneres Maß. Mit Recht stellt deshalb H. Ottmann in seinem Artikel über den Maßbegriff in der Neuzeit im *Historischen Wörterbuch der Philosophie* fest:

---

[64] I. Berlin, »Two Concepts of Liberty«, in: ders., *Four Essays on Liberty*. OUP, Oxford 1969, S. 144 (vgl. 122ff.). Vgl. Hobbes, *Leviathan* (1651, viele Ausgaben), Kap. 21 Anfang: »Liberty, or freedom, signifieth, properly, the absence of opposition; by opposition, I mean external impediments of motion..«

[65] G. Radbruch, *Rechtsphilosophie*, hrsg. von E. Wolf und H.-P. Schneider, Koehler, Stuttgart 1973[8], S. 160.

> »Die große Bedeutung, die dem Ethos des Maßes in Antike und Mittelalter zugekommen war, wird in der Neuzeit durch den Autonomieanspruch des Subjekts *zersetzt*. An die Stelle der Beziehung des Maßes auf den Kosmos oder den christlichen Gott tritt der sich selbst zum Maß werdende Mensch ...«[66]

Aktivismus

Ich bezeichnete oben den modernen Bezugsrahmen, mit dessen Hilfe der moderne Mensch die Wirklichkeit und seine eigene Stellung darin deutet, noch mit einem dritten Begriff (neben Mechanisierung des Weltbildes und Anthropozentrismus), mit dem Begriff Aktivismus nämlich. Dieser Gesichtspunkt wurde implizit schon fortwährend gestreift – abermals ein Hinweis auf den inneren Zusammenhang des modernistischen Orientierungsschemas –, so dass eine kurze Erörterung genügt.

Dass der moderne, abendländische Lebensstil von äußerer Geschäftigkeit, Leistungsorientiertheit, Ruhelosigkeit, Nervosität und dergleichen gekennzeichnet ist, ist ein Gemeinplatz. Hier geht es darum, dass sich dahinter eine Auffassung des Menschen verbirgt, die in der Philosophie der Moderne ihre Artikulation gefunden hat, als jene eines handelnden Wesens nämlich, dessen Bestimmung (oder Schicksal) darin besteht, die Welt in einer aktiven Existenz zu durchforschen und zu ordnen. Dieses Thema klang schon in Dantes Ulysses-Erzählung an, ich erinnere nochmals an die von ihm an seine Freunde gerichteten Worte:

> »Ihr seid nicht wie das Vieh! Und nie dürft ihr erkalten
> bei dem Erwerb von Kenntnis, Tüchtigkeit.«

Ähnlich gestattet die Natur es dem Menschen bei Kant nicht, ein idyllisches und vergnügliches Dasein zu führen. Sie stattete ihn dagegen mit einer ungesellig-geselligen Natur aus. Mittels

---

66 Bd. V, Wissenschaftliche Buchgesellschaft, Darmstadt 1980, Sp. 813.

so unangenehmer Eigenschaften wie Intoleranz, Eitelkeit, Habgier und Herrschsucht will sie erreichen, dass seine Talente in einem arbeitsamen, an Anstrengungen reichen Leben zur Entfaltung gebracht werden[67]. Das menschliche Leben ist seinem Sinn nach ein Leben der Tat – Goethe macht daraus recht ›faustisch‹ gesprochen sogar das Urprinzip der Dinge: »Im Anfang war die That!«[68] Moderne Positionen wie jene Plessners oder Gehlens suchen den Grund des Handlungscharakters des menschlichen Daseins dann nicht auf metaphysischer, geschichtsphilosophischer oder normativer Ebene, sondern im anthropologischen Bereich, in der biologischen Konstitution des Menschen nämlich, die ihn zwingt sein Dasein aktiv zu führen.

Aus dieser Sicht befindet sich der Mensch nicht als wohlbestimmtes Wesen in einer wohlgeordneten Welt, der er sich einfügt. Das ist die prämoderne Lebensauffassung. Der moderne Mensch erfährt die Welt (und sich selbst), wie erwähnt, eher als ungeordnet, sogar als chaotisch. Er akzeptiert deshalb gerade die Wirklichkeit nicht, wie sie sich ihm darstellt. Seine Lebenshaltung ist jene der Nicht-Identifikation, oft sogar jene des Aufstandes, der Revolte gegen das Vorgegebene oder, wie es auch ausgedrückt werden kann, der Emanzipation, der Lösung oder Befreiung vom Bestehenden und von der dort geltenden Ordnung. Sehr radikal brachten das Camus und Sartre hervor. Im gleichen Sinn, und das meiner Ansicht nach mit Recht, interpretiert zum Beispiel Garaudy die von ihm positiv gewertete moderne christliche Theologie der Hoffnung und Befreiung, wenn er schreibt, Existieren bedeute dort: durch die in Christus offenbarte Gnade »von seiner Natur und seiner Vergangenheit befreit sein [être libéré de sa nature et de son passé]«, nämlich zu einem Leben freier Entscheidungen.[69]

---

67 »Idee zu einer allgemeinen Geschichte usw.«, siehe Anm. 14, Vierter Satz, *a.a.O.*, S. 21.

68 *Faust* I, 1237.

69 R. Garaudy, *De l'anathéme au dialogue. Un marxiste tire les conclusions du Concile*. Paris 1965, S. 44.

Welche Rolle die Entscheidung in der modernen Philosophie spielt, ist bekannt. Sie ist auf die Zukunft ausgerichtet, die manchmal schon durch die geringste Bestimmtheit von der Vergangenheit oder vom Heute her kompromittiert zu werden droht. Damit wird dann jede konkrete Entscheidung, die immer auch ein Sich-festlegen bedeutet, unmöglich und es bleibt nur noch die leere Haltung des Einsatzes um des Einsatzes willen übrig. Aber auch ohne diese Radikalisierung eines *Sich-vorweg-seins*, das es nicht mehr zulässt, im Heute Fuß zu fassen, ist für die moderne Lebenshaltung der totale Primat der Zukunft hinsichtlich der anderen Zeitdimensionen charakteristisch. Es entspricht dem Unvermögen des modernen Menschen sich wirklich, ohne Unruhe, in einem erfüllten Jetzt mit Mitmenschen, Tieren, Blumen usw. aufzuhalten. *Der* dem Menschen passende Habitus ist seit Dantes Ulysses immer jener des ewigen, unaufhörlichen Strebens.[70] Nur auf dem Boden einer solchen Grundhaltung ist auch die Langeweile als eine typisch moderne Stimmung möglich.

Mit dem Primat der Zukunft korrespondiert hier zugleich der Primat der Praxis. Beide zusammen bedeuten, dass das moderne Dasein im Zeichen der ununterbrochenen Veränderung steht. Bekanntlich sagt Marx[71] – wahrscheinlich sein meist zitierter Ausspruch –, bisher hätten die Philosophen die Welt nur verschieden interpretiert, jetzt komme es aber darauf an, sie zu verändern. Das ist aber auf zweierlei Weise nur zum Teil richtig: erstens setzt sich schon viel eher, nämlich seit Bacon und Descartes, eine operative Konzeption der Wissenschaft durch. Dieser Auffassung zufolge ist wahre Erkenntnis zugleich nützliche, verwertbare Erkenntnis; sie verschafft uns deswegen Macht (*potentia*) über die Wirklichkeit. »Savoir pour prévoir pour pouvoir«, wird Comte später sagen.

---

70 Für diese Konstante im Denken von Lessing, Herder, Kant, Fichte, Goethe, Hegel bis Jaspers, Camus und vielen anderen, siehe u.a. W. Schulz, *a.a.O.* (Anm. 36), S. 44ff.

71 Elfte These über Feuerbach. Karl Marx/Friedrich Engels, *Werke*, Bd. 3, Dietz, Berlin 191 S. 7 (und 535).

Dahinter liegt aber zweitens eine neue Auffassung hinsichtlich der Beschaffenheit der Erkenntnis selbst einschließlich der Haltung des Subjekts zum Objekt dieser Erkenntnis[72] (ich nehme damit ein schon in Kapitel 1 erörtertes Thema wieder auf): seit Cusanus wird in der abendländischen Philosophie eine Erkenntniskonzeption dominant, der zufolge die Erkennbarkeit (Intelligibilität) der Dinge nicht, wie im ›kontemplativen‹ Modell, durch ihr Sein gegeben ist. Im Gegenteil ist in dieser neuen Sicht die Begreiflichkeit des Objekts die Kehrseite von dessen Konstruierbarkeit. An die Stelle des rezeptiven Erkenntnissubjekts, das die Wirklichkeit so lässt, wie sie ist, tritt das aktive Subjekt, welches (so Goethe gegen Newton) das Objekt deformiert und auf die Folter spannt. »*Verum et factum convertuntur*«, wie Vico prägnant formulieren wird: Wahrheit und Machbarkeit sind Wechselbegriffe, und nicht Wahrheit und Wirklichkeit, wie in der prämodernen Philosophie (in ihrer Transzendentalienlehre etwa). Das Kriterium und den Prüfstein der Wahrheit sieht man von nun an im Vermögen des Subjekts, das Objekt selber hervorzubringen. Darum ist bei Cusanus die Mathematik das Muster der Wissenschaft, weil wir die mathematischen Entitäten selbst konstruieren, ist bei Hobbes die Politik eine strenge Wissenschaft, weil wir ihr Objekt, die Gesellschaft (mittels des Gesellschaftsvertrags) selbst hervorbringen, ist bei Vico, Marx, Dilthey und anderen Erkenntnis der Geschichte möglich, weil wir sie selber machen, und ist bei Kant, Fichte, Hegel, Cassirer und anderen, in der transzendentalen Konstitutionsphilosophie also, die phänomenale Wirklichkeit als solche erkennbar, weil sie Erzeugnis der Vernunft bzw. des Geistes ist. Nicht der Geist oder die Vernunft richtet sich hier wie in der ›klassischen‹ Philosophie nach der Wirklichkeit, sondern umgekehrt: als aktives Prinzip, das nach Kants Formulierung die Wirklichkeit nach seinem Entwurf hervorbringt, bestimmt hier der Geist, wie die Realität erscheinen wird. In diesem operativen Paradigma kurzum wird die

---

72 Siehe Karl Löwith, »Vicos Grundsatz: verum et factum convertuntur. Seine theologische Prämisse und deren säkulare Konsequenzen«, in: ders., *Sämtliche Schriften*, Bd. 9, Metzler, Stuttgart 1986, S. 195–227.

Wirklichkeit in Termini des Machbaren begriffen und ist Erkenntnis als solche ›effektiv‹. Hier ist in der Philosophie, Jahrhunderte bevor sich die moderne technologische Gesellschaft als soziales Phänomen durchsetzt, der Bezugsrahmen, der auf ideeller Ebene die Entstehung jener Gesellschaft ermöglichte, schon zur Entwicklung gebracht.[73] Und die Linkshegelianer, Marx mit einbegriffen, brauchten für den Geist als aktiv-schöpferisches Prinzip der Wirklichkeit nur das menschliche Subjekt zu substituieren und so die Geschichte als Geschichte der Menschen zu lesen, welche sie selber machen (wenn auch, wie Marx sagt, nicht freiwillig und unter Umständen, die sie nicht selbst gewählt haben).[74]

Auch mit dieser Konstanten der modernen Philosophie, dem Selbstverständnis des Menschen nämlich als ein ruheloses, unausgesetzt beschäftigtes und strebendes Wesen, das sich selber immer schon eine Strecke voraus ist und dessen Dasein im Zeichen eines ununterbrochenen Hervorbringens oder Neuordnens steht, sowohl der umgebenden Wirklichkeit wie seiner selbst – auch mit dieser Konstanten kommen wir zu demselben Befund wie mit den beiden vorangegangenen Exkursen: einer solchen Ansicht der Wirklichkeit und Haltung ihr gegenüber ist das Maß nicht versehentlich, sondern naturgemäß fremd. Das ist dann selbstverständlich a fortiori der Fall, wenn sich die drei Gesichtspunkte miteinander verbinden.

Insofern die so charakterisierte moderne Philosophie als Explikation der modern-abendländischen Weise des Lebens und Denkens betrachtet werden kann – was sie meiner Meinung nach in hohem Maße, obwohl glücklicherweise nicht total ist –, bedeutet das, dass die ökologische Krise aus dieser Sicht unlösbar ist. Das bestätigt die konkrete Umweltpolitik: sie bietet gleichsam den Anblick eines Rennens von einem Feuerherd zum anderen, wäh-

---

[73] Ich habe diesen Gedanken näher ausgeführt: in einem Aufsatz »Technology and the Ecological Crisis«, in: Wim Zweers & Jan J. Boersema, *Technology, Ecology and Cuture. Essays in Environmental Philosophy*, White Horse Press, Cambridge 1994, S. 215ff.

[74] K. Marx, *Der achtzehnte Brumaire des Louis Bonaparte (1852)*, in: *Werke* (Anm. 71), Bd. 8, S. 115.

rend die Atmosphäre immer explosiver wird; sie ist nur Symptombekämpfung und Hinter-den-Tatsachen-her-Laufen, während die tiefgründigeren Trends in immer rascherem Tempo in entgegengesetzte Richtung wirken. Damit will keineswegs gesagt sein, die Symptome müssten nicht bekämpft werden. Im Gegenteil. Aber wenn die wirklichen Ursachen der ökologischen Krise nicht angefasst werden, ist es ein im voraus verlorener Kampf, und darüber hinaus für alle, die sich aufrichtig für die Verbesserung der Umwelt einsetzen, auch äußerst entmutigend.

Verdrängte Erfahrung

Man könnte die obigen Betrachtungen konditional nennen: wollen wir die Umwelt wirklich retten, dann müssen wir unsere Denkart und Einstellung einer drastischen Revision unterziehen. Zugleich würde das Umweltproblem aber in einem allgemeineren Sinn als ›eye-opener‹ funktionieren. Es würde zur Frage veranlassen, ob die moderne Philosophie in ihrem Hauptstrom eine adäquate Explikation unserer Erfahrung biete. Ich glaube, wir müssen das Gegenteil davon feststellen. Die ökologische Krise macht uns darauf aufmerksam, dass die menschliche Erfahrung in der modernen Philosophie in verschiedener Hinsicht einer fundamentalen Verzerrung und sogar Verdrängung von Dimensionen menschlicher Erfahrung unterworfen ist. Wir erfahren die Natur nicht, jedenfalls nicht ausschließlich, als ein Ensemble stummer, toter, in sich selbst sinnloser Dinge, die uns unendlich fremd sind und deren Daseinsberechtigung nur darin liegt, Material für unsere menschliche Selbstverwirklichung zu sein. Viele moderne Dichter[75] versuchten ja immer wieder, dem Bewusstsein Ausdruck zu verleihen, dass die Dinge ein eignes Dasein führen und ein eignes

[75] Goethe, Mörike, Hölderlin, Hesse, Bergengruen, Gezelle, Nijhoff, Achterberg, Gerhardt, um in ganz willkürlicher Auswahl nur einige Autoren aus dem deutschen und niederländischen Sprachgebiet zu nennen.

Gewicht haben, dass sie mit dem niederländischen Physiker Van den Beukel[76] zu reden, ihr Geheimnis (von sich aus also) haben, dass sie auch eine Sprache sprechen. Mit den Worten Rilkes

»Die Dinge singen hör ich so gern.
Ihr rührt sie an: sie sind starr und stumm.
Ihr bringt mir alle die Dinge um.«[77]

Ähnlich versichert der niederländische Dichter Hans Andreus (1926–1977):

»Bäume sind wirklich.
Ihre Blätter reden wirklich
mit Worten vielsagend und ohne Lettern.
Ihre Wipfel singen.
Ihre Stämme schweigen
hörbar.«[78]

Ein drittes Beispiel aus zahlreichen anderen möglichen: auch bei Eichendorff singen die Dinge, wenn man nur den Schlüssel, das ›Zauberwort‹, kennt:

»Schläft ein Lied in allen Dingen.
Die da träumen fort und fort.
Und die Welt hebt an zu singen,
Triffst du nur das Zauberwort.«[79]

Es wird also ganz bestimmt etwas ausgedrückt (›gesagt‹ oder ›gesungen‹, wenn auch nicht mit menschlichen Worten). Es wäre dann Sache der Philosophie, das zu thematisieren, was hier genau gesprochen wird, anders gesagt: eine Hermeneutik der Natur zu

---

76 A. van den Beukel, *De dingen hebben hun geheim. Gedachten over natuurkunde, mens en God* [Die Dinge haben ihr Geheimnis. Gedanken über Physik, den Menschen und Gott], Ten Have, Baarn 1990, besonders S. 72ff.

77 Schluß des Gedichts »Ich fürchte mich so vor der Menschen Wort«, in: Rainer Maria Rilke, *Sämtliche Werke*. Wiesbaden, Bd. I, S. 257.

78 »Boombeschrijving«, in: *Verzamelde gedichten*. Bakker, Amsterdam 1983, S. 427.

79 »Wünschelrute«, in: *Eichendorffs Werke*, hrsg. von Ludwig Krähe, Bd. I, Berlin o.J., S. 97.

entwickeln und so die Sprache zu entziffern (das ›Zauberwort‹, den Schlüssel zu finden), um die es hier geht.

Nicht nur für Heraklit, Franz von Assisi und für den Häuptling Seattle ist die Welt also ein Lebensverband, in dem auch hinsichtlich der Tiere, Bäume und Dinge und nicht nur zwischen Menschen Beziehungen des ›Mitseins‹ möglich sind – Heidegger in *Sein und Zeit,* Levinas und andere Philosophen, die wichtige Korrekturen am dominanten Denkrahmen anbringen, zeigen doch in ihrer beschränkten Auffassung vom Mitsein, dass sie wichtige Voraussetzungen dieses modernen Bezugsrahmens teilen. In diesem Zusammenhang ist interessant wie Buber, einer der prominentesten Denker der dialogischen Philosophie, des Mitseins also, die Ich-Du-Beziehung auch zum Baum dort vor uns für möglich hält und das nicht im uneigentlichen Sinn einer von unserer Seite aus nur in einem Einbahnverkehr bestehenden Quasi-Begegnung, welcher an der entgegengesetzten Seite nichts entspricht. »Man suche«, wie Buber in diesem Kontext sagt, »den Sinn der Beziehung nicht zu entkräften: Beziehung ist Gegenseitigkeit.«[80]

Soweit unsere Erfahrung der Natur mittels Kategorien wie Mitsein, Begegnung, dem Geheimnis und sogar der Sprachlichkeit der Dinge und dergleichen entschlüsselt wird, müssen auch tiefgreifende Berichtigungen am Aktivismus und Anthropozentrismus der modernen Philosophie vorgenommen werden. In einer wirklichen Begegnung verläuft das Verstehen des Anderen und der Kontakt mit ihm nicht über die Machbarkeit (Bestimmbarkeit und Voraussagbarkeit) seines Verhaltens durch den Gesprächspartner – eben nicht – und ist dieser Andere auch kein Phänomen in meinem egologisch strukturierten Feld der Wahrnehmung und Aktion – wieder: eben nicht. An die Stelle einer Haltung, die den Anderen oder das Andere den eigenen Schemata unterwirft, darin einkapselt und daraufhin umformt, tritt hier die Haltung des sich diesem Anderen zu öffnen, es auf seine Art und Weise sein und sich aussprechen zu lassen. Das bedeutet speziell in normativer

80 M. Buber, »Ich und Du«, in: ders., *Das dialogische Prinzip*. Schneider, Heidelberg 1973, S.12.

Hinsicht, dass der Wert und der Sinn der Dinge (und damit der Grund einer Haltung umsichtigen und respektvollen Umgangs mit ihnen) nicht von unserer Aktivität der Wertzuerkennung und Sinnverleihung abhängen. Wert und Sinn gehören naturgemäß nicht zur Ordnung des Machbaren; sie werden nicht gegeben, sondern erfahren. Das Wort Sinngebung gehört denn auch zum typisch modernistischen Vokabular. Wer Sinnfragen jedoch als Sinngebungsfragen konzeptualisiert, wird früher oder später zur Überzeugung der Sinnlosigkeit der Dinge gelangen, das lehrt die moderne Philosophiegeschichte. Es entspricht weiter völlig der Logik des modernistischen Denkens, dass die moderne Ethik eine stark emotivistische und konventionalistische Signatur besitzt. Zugleich zeigt die ethische Diskussion der letzten drei Jahrzehnte, wie in immer breitere Kreise das Bewusstsein eindringt, dass eine Explikation unserer moralischen Erfahrung auf dieser Linie wesentliche Momente dieser Erfahrung unbelichtet oder unterbelichtet lässt, anders ausgedrückt: dass sie reduktionistisch ist.

Offenbar verfügen wir über einen Fonds an Erfahrungen, die, wie verzerrt und marginalisiert sie im dominanten Bezugsrahmen auch sind, sich doch gegen die völlige Gleichschaltung gewehrt haben. Diese ein anderes Realitäts- und Selbstbewusstsein als das übliche verkörpernde Erfahrung müsste beansprucht werden, um das menschliche Dasein von neuem zu dimensionieren – das war ja unser Thema. Der Philosophie sowie unter anderem der Literatur fiele die Aufgabe zu, jene Erfahrung zu thematisieren, zu buchstabieren und zu durchdenken. Das bedeutet eine Wiedereröffnung der philosophischen Tagesordnung auf breiter Front, besonders hinsichtlich der fundamentalen Voraussetzungen, die dem modernen Denkschema zugrunde liegen und den Anschein hatten, als feststehend betrachtet werden zu können.

In diesem Zusammenhang ergeben sich beispielsweise folgende Fragen: Ist die Idee einer natürlichen Finalität der Dinge, einer immanenten Teleologie der Natur also, dermaßen überholt, wie die moderne Philosophie es meint? Ist in diesem Zusammenhang weiter der Gedanke, der Mensch könnte innerhalb des Verbandes der Natur eine bestimmte Stellung und Funktion innehaben, so sonderbar wie sie ›uns Modernen‹ zu sein scheint? Damit wäre zugleich die für das moderne Denken fundamentale Trennung von Sein und Sollen, oder die Beziehung zwischen natürlicher und moralischer Ordnung, zur Debatte gestellt. Und in erkenntnistheoretischer Hinsicht läge unter anderem die Frage nach einem nicht über das Machen verlaufenden Kontakt mit der Realität auf dem Tisch, das heißt: die Frage nach einer nicht-operativen Erkenntniskonzeption, oder, noch anders ausgedrückt, nach einem ›essentialistischen‹ Moment im Erkennen (ist das moderne Denken doch durch und durch nominalistisch und konventionalistisch) und einer dazugehörenden Aufgeschlossenheit. Wenn an allem auch nur etwas stimmt, dann hat das zugleich auch für unser Selbstverständnis wichtige Folgen und für die nach moderner Ansicht damit unmittelbar verbundenen Ideen wie Freiheit, Selbstentfaltung usw.

Solche Gedanken lassen sich nicht ohne ein Gefühl des Unbehagens niederschreiben. Bedeuten sie ja, wenn man sie ernst nimmt, nicht ein Zurückfallen auf eine Bewusstseinsebene, auf der wir uns nicht mehr bewegen können, auf der wir uns aber auch nicht mehr bewegen wollen? Tatsächlich können wir den Modernisierungsprozess nicht ungeschehen machen – so machbar ist die Geschichte nicht, dass wir uns sozusagen von einem außerhistorischen Standort aus die von uns gewünschte sozialhistorische Stellung einschließlich der dazugehörigen Bewusstseinsstruktur auswählen können. Wir können das aber auch nicht ernsthaft wollen. Würde das denn nicht bedeuten, wieder Seuchen und Hungersnöten, Armut, Entbehrung, hoher Kindersterblichkeit und all den anderen Dingen, welche die Menschheit fortwährend heimgesucht haben, ausgeliefert zu sein? Bedeutete es auf sozial-kulturellem Niveau nicht, dass wir Errungenschaften wie den Rechtsstaat, die Demokratie, die Auffassung einer in der persönlichen Gesinnung verankerten Verantwortung usw. preisgeben und wieder zu kollektivistischen und partikularistischen Identitätsauffassungen, zu hierarchisch-autoritären Verhältnissen, aus denen wir uns eben ein wenig freigekämpft haben, zu einem Strafrecht mit Tierprozessen und Beweismethoden wie Gottesgerichten usw. zurückzukehren?

Führte die soeben befürwortete Wiedereröffnung der philosophischen Tagesordnung zu diesen Konsequenzen, dann wäre sie meiner Meinung nach damit disqualifiziert. Zugleich ist es ein großes Problem, dass der ideelle und soziale Kontext, in welchem sich Ideen wie jene des Rechtsstaats und der Demokratie mit den sie begleitenden Begriffen der Person, der Humanität, der menschlichen Würde, der Menschenrechte usw. entfalteten, der nämliche ist, innerhalb dessen sich die Bedingungen der modernen ökologischen Krise entwickelten. Schon sozialgeschichtlich ist das so: die Demokratie und der Rechtsstaat einerseits und die experimentelle Naturwissenschaft sowie die damit verwandte moderne Technik andererseits sind die beiden großen Schöpfungen des abendländischen Bürgertums:

> »Das Bürgertum hat mit den Mitteln der geschichtlichen Wissenschaften das staatliche Leben von Grund aus umgebildet, indem es den Rechtsstaat aufbaute, und es hat mit den Mitteln der Naturwissenschaften alle äußern Voraussetzungen des menschlichen Daseins in ungeheurer Weise revolutioniert, als es das Wunderwerk der modernen Technik errichtete: Konstitution und Maschine hießen seine beiden Lebenszwecke! Sie haben sich aufs engste ergänzt und bedingt ...«[81]

Dass es sich hier auch in philosophisch-ideeller Hinsicht um Sprösslinge desselben Stammes handelt, geht aus dem hervor, was ich oben über den dominanten Bezugsrahmen der modernen abendländischen Gesellschaft sagte.

Anscheinend können wir uns nicht allen Ernstes Experimenten ausliefern, bei denen wesentliche Prämissen der modernen Lebensführung aufs Spiel gesetzt werden. Das ist die eine Seite. Anderseits bringt aber die ökologische Krise ans Licht, dass unsere Kultur als nur sehr einseitig zivilisiert betrachtet werden muss – als halbbarbarisch, um mit Nietzsche zu reden. Denn eine Gesellschaft, die mit der natürlichen Umgebung so gewalttätig und

[81] Fr. Schnabel, *Deutsche Geschichte im neunzehnten Jahrhundert*, Bd. III, Freiburg i.B. 1954, S. 329f.

rücksichtslos umgeht wie die unsere, kann nicht als wirklich zivilisiert bezeichnet werden, abgesehen davon, dass eine ihre eigenen Daseinsbedingungen im Eiltempo untergrabende Gemeinschaft als für äußerst blödsinnig angesehen werden muss. Will sie wieder für zivilisiert gehalten werden, dann wird sie von neuem Achtung und Umsicht hinsichtlich des sie Umgebenden lernen müssen und nicht zuletzt Maßbewusstsein. Maß- und Ordnungsdenken war in der Vergangenheit gewöhnlich mit autoritären, nicht mit dem Rechtsstaat gleichlaufenden Ideologien verbunden. Das bedeutet aber nicht, dass es auch so sein muss. Eine wichtige Aufgabe der heutigen Philosophie scheint es mir zu sein sich darauf zu besinnen, ob und wie sich eine von Maß charakterisierte Wirklichkeits- und Selbstauffassung vorstellen lässt, der es gelingt, wichtige Errungenschaften wie die Ideen vom Rechtsstaat und von der Demokratie aufrechtzuerhalten.[82]

[82] Eine regelmäßig in der Umweltphilosophie erörterte Frage ist, ob die Demokratie eine genügend schlagfertige Regierungsform ist, um die ökologische Krise wirkungsvoll bekämpfen zu können. Hier handelt es sich um die grundsätzlichere Frage, ob die Idee der Demokratie nicht in den gleichen Denkrahmen gehört, der für die Entstehung des Umweltproblems (mit)verantwortlich ist.

Kapitel 3. ›Haben‹ und ›sein‹

Auf der Suche nach einem erweiterten Konzept des Wohlbefindens

»Nur wer im Wohlstand lebt, lebt angenehm!«
(Bertolt Brecht, Ballade vom angenehmen Leben, aus der Dreigroschenoper)

»Die Fähigkeit, ein glückliches Leben zu führen, liegt in unserer Seele.«
(Marcus Aurelius)

Konsumismus

Ein regelmäßig verwendeter Terminus zur Charakterisierung der modernen Gesellschaft und ihres Lebensstils ist »Konsumismus«. Gemeint ist natürlich, dass die moderne Lebensweise durch einen hohen Verbrauch verschiedenster Güter und durch einen immer größer werdenden Gerätepark, mit dem sich jeder umgibt, gekennzeichnet ist. Das bedeutet einerseits einen immer höheren Verbrauch von Ressourcen und sogar von Raum, um alle Wünsche des modernen Menschen wie Golf, Fußball, Theater, Musik, Urlaub usw. zu befriedigen, wird immer mehr Platz pro Kopf benötigt. Auf der anderen Seite bedeutet dies einen ständig wachsenden Strom von Müll und schädlichen Nebeneffekten.

Der Begriff »Konsumismus« hat eindeutig einen negativen Gefühlswert. Er wird zur Beschreibung des modernen Lebensstils von Personen und Gruppen innerhalb unserer Gesellschaft verwendet, die von seinen mehr oder weniger schwerwiegenden

Schattenseiten überzeugt worden sind. Aber mehr noch als für Menschen, die mit diesem Lebensstil aufgewachsen sind, müssen sich die fragwürdigen Aspekte des modernen Lebensstils den Menschen von außerhalb unserer Gesellschaft aufdrängen. Ein Beispiel: 1992 kamen vier Personen aus der (damals) so genannten Dritten Welt (aus Indonesien, Brasilien, Indien und Tansania) auf Einladung verschiedener Umwelt- und Entwicklungsorganisationen in die Niederlande, um sich da umzusehen und ihre Erkenntnisse aufzuschreiben. So entstand das Büchlein mit dem etwas heiteren Titel »Nach den Reichen schauen. Eine Dritte-Welt-Vision bezüglich Nachhaltigkeit in den Niederlanden«.[83] Was an der Geschichte dieser vier Autoren am meisten auffällt, ist ihr Staunen oder vielmehr Bestürzung über so viel überflüssigen Luxus, Verschwendung, Umweltverschmutzung und andere Umweltzerstörung, verarmte soziale Beziehungen und geistige Leere. Einige Zitate:

> »(In den hinter uns liegenden Jahrhunderten) hat sich das europäische Menschenbild radikal verändert. Ohne Glauben, ohne Liebe zur Natur und rebellisch gegen alle sozialen Beziehungen entstanden atomisierte Individuen, getrennt von Gott, Natur und Gesellschaft.« (p. 22)

> »Wenn man den Menschen als Wirtschaftstier betrachtet, erhält man kein anderes Bild als das eines blinden Konsumenten, der gezwungen ist, in einer endlosen Konsumgesellschaft zu leben – ein konsumierender Vielfraß, der von der Natur lebt. Dieses Bild ähnelt eher dem Bild des ehemaligen Sklaven, dem sein weißer Besitzer ebenfalls nachsagte, er sei unfähig, moralisch zu urteilen. So wird auch der moderne Verbraucher beurteilt. Es gibt keine moralischen Grenzen für seinen Konsum.« (p. 39)

Und auf Seite 122 ff. wird angesichts der gigantischen Produktion von (vor allem für den Export bestimmten) Agrarprodukten, der sehr energieintensiven Industrie und des hohen Mobilitätsgrades

---

[83] Mercio Gomes/Chandra Kirana/Sami Songanbele/Rajiv Vora, *Kijken naar de rijken. Een Derde Wereld-visie op duurzaamheid in Nederland*, Jan van Arkel, Utrecht 1992.

die Überentwicklung als das eigentliche Problem der Niederlande bezeichnet. Kurzum: »Um etwas gegen das Umweltproblem zu unternehmen, muss der Norden seinen Lebensstil der Überproduktion und des Überkonsums stark zurückschrauben.« (123)

Mit anderen Worten: Das Produktions- und Konsummuster, das sich in den so genannten reichen Ländern entwickelt hat, setzt die natürliche Umwelt viel zu sehr unter Druck, mit fragwürdigen Folgen wie Ressourcenknappheit, Klimawandel, Massenaussterben von Pflanzen- und Tierarten und viele andere mehr. Es sieht ganz danach aus, als ob die Tragfähigkeit der Umwelt bereits heute in mehrfacher Hinsicht deutlich überschritten ist. Außerdem werden die Stimmen immer lauter, dass zumindest ein erheblicher Teil der Umweltzerstörung auf menschliche Aktivitäten, d. h. auf den übermäßigen Konsum, zurückzuführen ist. Dieser Lebensstil war, zumindest bis vor kurzem, auf etwa ein Fünftel der Weltbevölkerung beschränkt. Wenn sich dieses Produktions- und Konsumverhalten nun im Zuge der ständig fortschreitenden wirtschaftlichen und technischen Globalisierung wie ein Ölteppich über den gesamten Globus ausbreitet, wird sich die Umweltbelastung folglich um ein Vielfaches erhöhen.

Mit katastrophalen Folgen also. Eine bekannte Berechnung der Ökologen Wackernagel und Rees besagt, dass wir bei einer weltweiten Übernahme des westlichen Konsumniveaus mindestens drei Erdkugeln benötigen würden, während wir nur eine haben[84]. Alles deutet somit darauf hin, dass der westliche Lebensstil in Richtung einer erheblichen Sparsamkeit angepasst werden muss. Das Bewusstsein dessen beginnt sich auch durchzusetzen, man sieht den Sturm heraufziehen und beruft wiederholt einen Klimagipfel ein. Bislang bleiben die jedoch (weit) hinter dem Benötigten zurück. In der Zwischenzeit setzt man den eingeschlagenen Konsumkurs fort, denkt und redet sogar weiter von Wachstum, Grenzüberschreitung, Umsatzsteigerung und dergleichen. Und die Frage ist: Wie kann das sein?

---

84 W. Rees & M. Wackernagel, *Our Ecological Footprint. Reducing Human Impact on the Earth,* New Society Publishers, Gabriola Island B.C 1996, S. 13.

Unwillen oder Unverständnis?

Der Biologe Jared Diamond hat in seinem Buch mit dem ominösen Titel »Collapse«[85] – dessen These in der Tat lautet, dass wir dabei sind, weltweit einen ökologischen und damit auch gesellschaftlichen Zusammenbruch zu organisieren – eine sozialpsychologische Erklärung dafür angeboten. Er vergleicht unsere Situation mit der von Menschen, die flussabwärts von einem Staudamm leben und damit dem Risiko eines Dammbruchs ausgesetzt sind. Wenn man Hunderte von Kilometern vom Damm entfernt lebt, macht man sich im Allgemeinen nicht so viele Gedanken über das Risiko eines solchen Bruchs. Je näher man am Damm wohnt und je größer die möglichen Gefahren sind, desto größer wird die Sorge vor einer möglichen Katastrophe. Wenn man jedoch in der Nähe des Staudamms wohnt und täglich direkt mit dem Ungetüm aus Stahlbeton konfrontiert wird, spielen solche Bedenken keine so große Rolle mehr. Man verdrängt das Risiko. Mit anderen Worten, Diamond ist der Ansicht, dass die Umweltzerstörung weiterwuchern kann, weil wir uns weigern, den Tatsachen ins Auge zu sehen – er wirft das vor allem den Politikern vor, sieht das Problem somit in erster Linie als ein politisches Problem, nämlich als politischen Unwillen, tatsächlich etwas gegen die Umweltzerstörung zu unternehmen.

Eine solche sozialpsychologische Erklärung für unser kollektives Verhalten wird zweifellos Teil der Geschichte sein. Wir wollen die Tatsachen immer noch nicht wahrhaben, glauben immer noch, dass es nicht so schlimm sein wird, vertrauen darauf, dass »man eine Lösung finden wird« (insbesondere durch fortgeschrittene Formen der Technologie). Ich denke jedoch, dass dies das Problem nicht ausreichend erfasst.

Schließlich sind die Politiker an die gesellschaftliche Situation gebunden, in der sie agieren. Mit anderen Worten: Die Voraussetzungen für politisches Handeln sind die gegebene gesellschaftliche Konstellation und die dahinter stehenden tatsächlichen Prozesse.

---

[85] Jared Diamond, *Collapse – How Societies Choose to Fail or Succeed*, Allan Lane, London 2004.

Insbesondere die Langwellenprozesse, die sich auf tieferen, einer direkten Beeinflussung kaum zugänglichen Ebenen des gesellschaftlichen Systems abspielen – die »sanften«, aber zugleich sehr wirksamen Kräfte –, bestimmen in hohem Maße das Geschehen an der Oberfläche. Den Politikern bleibt daher kaum etwas anderes übrig, als mit diesen Prozessen mitzufahren und zu versuchen, sie ein wenig in bestimmte Richtungen zu lenken.

Das soll natürlich nicht heißen, dass politisches Handeln nicht gelegentlich eine revolutionäre Wende im gesellschaftlichen Prozess herbeiführen kann. Dies ist jedoch nur möglich, weil das Handeln »zur rechten Zeit« kam, d.h. die Situation für eine solche Wende »reif« war. Das ist aber nichts anderes, als wenn man sagt, dass die zugrundeliegenden sozialen Prozesse schon seit einiger Zeit auf diese Wende hingearbeitet haben und man nur auf die Aktion oder das Ereignis gewartet hat (oft ist der Auslöser ungeplant, wie im Fall der Französischen Revolution oder der Reformation), das die Wende zu einer neuen sozialen Konfiguration hervorruft. Große Politiker gelten daher als diejenigen, die ein Gespür dafür haben, was in der Luft liegt (dasselbe gilt übrigens auch für große Künstler). Aber sie müssen zum richtigen Zeitpunkt kommen; die Bedingungen müssen gegeben sein und können nicht nach Belieben geschaffen werden. Wenn die Situation nicht reif ist, kommt politisches Handeln nicht an, so richtig die Einsicht auch sein mag, was eigentlich geschehen sollte. Wenn es dennoch versucht wird, kommt es zu einem Zustand, in dem die Führer der Meute zu weit voraus marschieren.

Es gibt also zwei Probleme in der Politik, und ich spitze den Gedankengang sofort auf Umweltfragen zu. Zum einen, dass die Mehrheit der Politiker den Ernst der Lage nicht erkennt. Es fehlt also nicht so sehr an politischem Willen (obwohl es sicherlich auch einen Verdrängungsprozess gibt), sondern eher an der Einsicht in die wahre Lage, so dass die Maßnahmen immer weit hinter dem zurückbleiben, was getan werden müsste, um beispielsweise die Klimaprobleme wirklich anzugehen. Zum anderen, und das ist viel wichtiger, besteht das Problem der Politik darin, dass die Prozesse und Kräfte, die den Lauf der Dinge in der modernen Gesellschaft bestimmen, dem Weg zu einer nachhaltigen Gesellschaft diametral entgegenstehen. Mit anderen Worten: Die gesellschaftlichen Voraussetzungen für eine umweltgerechte Politik fehlen weitgehend. Die Politik kann, selbst wenn sie wollte, nicht weiter springen, als ihr gesellschaftlicher Sprungstab lang ist. Und der ist in diesem Fall eher kurz. Das eigentliche Problem liegt also nicht so sehr bei der Politik, wenngleich in gewissem Maße sicherlich auch dort, sondern bei der Gesellschaft und ihrer Funktionsweise, ihrer Einrichtung und ihrem Lebensstil.

Eine Frage des Lebensstils

Ich gehe im Folgenden davon aus, dass der moderne Lebensstil einen Ressourcen- und Energieverbrauch erfordert, der, wie oben erwähnt, die Tragfähigkeit der Erde (weit) übersteigt. Ein Verbrauch, der zudem, der Wachstumslogik des Gesellschaftssystems folgend, immer weiter zunimmt. Die Autodichte nimmt weltweit noch immer weiter zu (bei uns z.B. durch Verhaltensweisen wie Einkaufen mit dem Auto, Kinder zur Schule bringen und abholen, zu Sportwettkämpfen und Festen fahren usw.). Der Flugverkehr (Schnellreisen und Fernreisen) wächst noch immer, ebenso wie der Güterverkehr und der Tourismus. Außerdem wollen wir immer geräumiger und komfortabler wohnen und beheizen daher immer größere Räume. Hinzu kommt die intensive Nutzung von Computern, Geschäftsausstattung (z. B. in Krankenhäusern), Haushaltsgeräten, Fernsehern, Mobiltelefonen usw., und all dies ergibt das Bild einer energieverschlingenden Gesellschaft. Und dieser Anstieg des Energieverbrauchs, der mit jeder neuen »Erfindung« wie der der elektrischen Zahnbürste wieder zunimmt, wird bei weitem nicht durch Energiesparmaßnahmen ausgeglichen. Ich habe mich daher immer wieder gefragt, wie Regierungen wie die niederländische angesichts dieser gesellschaftlichen Trends das Pariser Abkommen einhalten wollen. In der Praxis erweist sich dies auch als völlig erfolglos: Alle Maßnahmen werden ständig von gesellschaftlichen Entwicklungen überholt. Aber anderes war aufgrund der Logik des Gesellschaftssystems auch nicht zu erwarten. Es ist daher – ich wiederhole es – ein hoffnungsloses Unterfangen, die moderne Gesellschaft nachhaltig gestalten zu wollen, wenn die Logik des Systems unangetastet bleibt. Kurz gesagt: Die Organisation und die Funktionsweise dieses Systems oder des modernen Lebensstils müssen sich mehr oder weniger drastisch ändern. Aber was sollten wir uns dabei vorstellen?

Ein Lebensstil ist ein kollektives Handlungsmuster einer Gemeinschaft von Menschen. Er drückt sich in einer bestimmten Lebenseinstellung aus: freundlich und entspannt oder eher streng und diszipliniert; ausgelassen, fröhlich und großzügig oder eher verhalten, ernst und sogar asketisch (»puritanisch«) – wie man sieht, sind dies weniger radikale Gegensätze als graduelle Unterschiede. In manchen Kulturen geht es im Leben sehr stark um Wettbewerb und Konkurrenz, um Selbstdarstellung und Selbstbehauptung (z.B. in der »agonalen« griechischen Kultur; nicht umsonst stammen die Olympischen Spiele von dort). Andere Kulturen wiederum sind vor allem durch kooperative und harmonische zwischenmenschliche Beziehungen gekennzeichnet (wie bei den amerikanischen Zuni-Indianern). Lebensstile sind (vor allem für den Fremden und Außenstehenden) bereits durch das alltägliche Verhalten und den Umgang der Menschen miteinander erkennbar. Sie nehmen dann aber in den Institutionen und Praktiken der jeweiligen Gemeinschaft, d.h. in den mehr oder weniger festen Mustern, in denen das Handeln der Mitglieder kanalisiert und standardisiert ist, eine ganz bestimmte sichtbare Gestalt an.

Lebensweisen werden durch eine Vielzahl von Faktoren bestimmt: durch die Geographie (ob man am Meer oder im Hochgebirge lebt), das Klima (angenehm subtropisch oder in der Nähe des Polarkreises), durch ein Nomadendasein oder Sesshaftigkeit, die Art des Lebensunterhalts (Jagd, Landwirtschaft, Handel usw.), den Stand der Technik usw. Ein entscheidender Aspekt der Lebensstile ist meines Erachtens jedoch ihre ideelle Dimension. Das heißt, dass Menschen sich in ihrem Handeln, soweit es nicht rein reaktiv ist, von Vorstellungen über die Wirklichkeit, von einem

Selbstbild, von Ideen über das Zusammenleben und von Überzeugungen über Gut und Böse, Lobenswertes und Schändliches leiten lassen. Dies gilt für individuelles Handeln, aber auch für das Handeln im Gemeinschaftsverband und damit für Lebensstile als mehr oder weniger kohärente Muster kollektiven Handelns. In all diesen Fällen ist menschliches Handeln »symbolisch vermittelt«, orientiert es sich an einem Bedeutungsschema und spiegelt damit eine Sichtweise und Haltung gegenüber den Dingen wider. Ohne diesen Faktor ist es unverständlich, warum Gesellschaften unter in vielerlei Hinsicht sehr ähnlichen Bedingungen leben und dennoch sehr unterschiedliche Lebensstile praktizieren können.

Kurzum: Soweit menschliches Handeln, insbesondere auf der Makroebene und im institutionellen Kontext, symbolisch vermittelt ist, soweit können Faktoren ideeller Art zur Erklärung gesellschaftlicher Entwicklungen herangezogen werden, in unserem Fall also des konsumerischen Lebensstils mit seinen schädlichen Auswirkungen auf die Umwelt. Und insofern eine solche Erklärung gegeben werden kann – das sei gleich gesagt –, ist das Problem der konsumerischen Mentalität also ein kulturelles oder »geistiges« Problem, das auch nur auf dieser Ebene wirklich angegangen werden kann, indem die ideelle Komponente verändert wird.

Der modern-westliche Bezugsrahmen

Die nächste Frage ist also, ob die modern-westliche Kultur ihre eigene erkennbare Vorstellungswelt hat, mit anderen Worten, gibt es so etwas wie einen für die Moderne charakteristischen Orientierungsrahmen, und wenn ja, wie sieht dieser aus? Dies scheint mir in erster Linie eine philosophische Frage zu sein, denn eine der Hauptaufgaben der Philosophie ist die Explikation, Artikulation und kritische Prüfung des Bildes von Wirklichkeit, Gesellschaft und Selbst, an dem sich die Menschen in ihrem Denken und Handeln orientieren, bzw. des Bezugsrahmens, mit dem sie ihre Situation verstehen.

Was den ersten Teil der Frage betrifft, so halte ich die von einer Reihe von Autoren (Romein, Van Baal, Lemaire u.a.) geäußerte Einsicht für richtig (sie wurde bereits in Kapitel 1 erörtert), dass die moderne Kultur eine Sonderstellung in der Landschaft der Kulturen einnimmt – dass sie, wie Romein es ausdrückt, eine Abweichung vom Allgemein Menschlichen Muster[86] ist, d.h. vom Grundriss, der für vormoderne Kulturen typisch ist, so sehr sie sich auch in Bezug auf die Oberfläche von einander unterscheiden. Wenn wir auf diese Weise davon ausgehen können, dass es einen erkennbaren modern-westlichen Lebensstil mit einem dazugehörigen Bezugsrahmen gibt, wie, das war der zweite Teil der Frage, lässt sich dieses moderne Orientierungsschema charakterisieren? Im vorigen Kapitel habe ich es mit einigen Stichworten gekennzeichnet: »Mechanisierung des Weltbildes« bzw. »Entzauberung der Welt«, »Aktivismus« und »radikaler Anthropozentrismus«. Nun füge ich noch zwei weitere Begriffe hinzu: »Instrumentalismus« und ein »äußeres Konzept des Wohlbefindens«. Zwischen diesen fünf Begriffen, oder besser gesagt zwischen den Phänomenen, die sie bezeichnen, besteht eine innere Beziehung. Mit anderen Worten: Sie stellen Aspekte ein und desselben Komplexes dar und können daher nur in ihrer gegenseitigen Beziehung verstanden werden. Im Folgenden werde ich vor allem auf die beiden letztgenannten Aspekte eingehen und mich mit der Erwähnung der ersten drei begnügen, weil ich sie in den beiden vorangegangenen Kapiteln bereits ausführlicher erörtert habe.

Eine Kultur der Äußerlichkeit

Die zentrale These dieses Kapitels ist, dass der moderne konsumerische Lebensstil mit einer äußerlichen Vorstellung von Wohlbefinden verbunden ist. Nun ist diese These bereits in dem eingeschlossen, was zuvor über den modernen Referenzrahmen

86 Jan Romein, »Europäische Geschichte als Abweichung vom allgemein menschlichen Muster«, *a.a.O.* (Anm. 6), S. 23–57.

gesagt wurde, nämlich dass die Entzauberung der Wirklichkeit, das aktivistische menschliche Selbstbild, der Anthropozentrismus und damit auch der äußerliche Wohlergehensbegriff Aspekte ein und desselben Komplexes sind. Sie verweisen also zumindest implizit aufeinander. Anders gesagt: Die moderne Konzeption des Wohlbefindens stand schon immer indirekt zur Diskussion. Bevor ich nun näher darauf eingehe, möchte ich zunächst das für die moderne Denk- und Lebensweise charakteristische Thema des Instrumentalismus als eine Art Bindeglied zwischen den genannten Komponenten des modernen Bezugsrahmens und dem Wohlergehenskonzept ansprechen.

Wenn, wie bereits erwähnt, die Selbstverwirklichung des Menschen durch die Umgestaltung der Dinge nach unseren Wünschen und Zielen erfolgen soll und insbesondere die Technik, die Wirtschaft und die organisatorischen Fähigkeiten die Bereiche sind, die die Mittel dafür bereitstellen, bedeutet dies, dass der Schlüssel zu dieser Selbstverwirklichung (oder dem »Glück«) in diesen Bereichen liegt. Nicht umsonst halten viele den WTÖ-Komplex (den Komplex aus Wissenschaft, Technik und Ökonomie) für den Kern und Motor der modernen Gesellschaft, sind die Managerialisierung und Verrechtlichung der Gesellschaft vorherrschend, und geht es in der Politik vorwiegend um Verfahren und Mittel und immer weniger um Ziele und gesellschaftliche Visionen. Kurz gesagt, das ganze Gewicht des Strebens nach einem »guten Leben« liegt hier in der Domäne der Instrumente. Und eine geheime Voraussetzung unserer Kultur ist, dass jeder Fortschritt im Bereich der Mittel mehr oder weniger automatisch ein wachsendes Wohlergehen ergibt. Deshalb wird fieberhaft an der Erweiterung des Arsenals der Mittel gearbeitet und werden stets neue Dimensionen der Wirklichkeit erschlossen (Atom-, Gen-, Informationstechnologie), ohne sich kritisch zu fragen, ob dies erstens tatsächlich der beabsichtigten Förderung des Wohlbefindens dient und zweitens, ob die natürlichen Systeme auf diese immer umfangreicheren und auf immer tieferen Ebenen der Wirklichkeit ansetzenden Eingriffe vorbereitet sind (quod non).

Man könnte die oben genannten Merkmale der modernen Kultur (die glücklicherweise nicht die ganze Geschichte dieser Kultur ausmachen, aber wohl sehr gesichtsbestimmend sind) unter dem Begriff »Veräußerlichung des Daseins« zusammenfassen. So dominieren externe Beziehungen das Bild, d.h. Beziehungen zwischen Entitäten, die einander fremd bleiben und deren Identität nicht durch diese Beziehungen (mit)bestimmt wird. Dies gilt für unser distanziertes Verhältnis zur Natur, die wir uns, wie oben erwähnt, als ein Aggregat toter Dinge vorstellen, zu denen keinerlei Form der Beziehung möglich ist und die vor allem unter dem Aspekt der technischen und ökonomischen Verwertung betrachtet werden. Diese Äußerlichkeit der Beziehungen gilt auch im sozialen Bereich, wenn die Gemeinschaft im Mainstream der modernen politischen und sozialen Philosophie als eine Ansammlung selbständiger Individuen gedacht wird, die alle für sich selbst gehen und zwischen denen Politik und Recht dann eine (wiederum äußerlich bleibende) Situation der friedlichen Koexistenz schaffen. Um es gleich vorwegzunehmen: Das dominante technisch-operationale Wissensmodell der Neuzeit spiegelt auch ein äußeres Verhältnis des erkennenden Subjekts zum gekannten Objekt wider. Wissen ist nicht mehr, wie im »sympathischen« oder symbiotischen Erkenntnismodell, in dem Erkennender und Erkanntes in einem Verhältnis innerer Verwandtschaft und Teilhabe stehen, ein Erfassen des Wesens der Dinge. Aber es bleibt beim äußeren Verhalten der Dinge: Dass wir etwas begriffen haben, zeigt sich an unserer Fähigkeit, ein Ding oder sein Verhalten zu reproduzieren. Die moderne Kultur ist kurzum weitgehend zu einer Kultur der Äußerlichkeit geworden, der äußeren Wahrnehmung, des äußeren Einflusses, des äußeren Erfolgs usw.

›Haben‹ und ›Sein‹

Eine Reihe von Autoren wie Erich Fromm, Balthasar Stähelin und Gabriel Marcel hat dies auf die Formel gebracht, dass die modern-westliche Kultur in erster Linie eine Kultur des ›Habens‹ und nicht des ›Seins‹ ist.[87] ›Haben‹ und ›Sein‹ sind in dieser Sichtweise zwei grundlegende Existenzweisen bzw. Grundhaltungen.

›Sein‹ steht dann für die Lebensorientierung, in der man authentisch aus den eigenen Möglichkeiten und Erfahrungen oder »von innen« heraus lebt.[88]

Wohlbefinden ist dann in erster Linie: ein Leben in Übereinstimmung mit der eigenen Natur, die sich in produktiver Tätigkeit und Offenheit gegenüber anderen und dem Anderen ausdrückt. Mit anderen Worten: Jeder Mensch trägt die Bedingungen für das Glück in erster Linie in sich selbst. ›Haben‹ hingegen ist die Haltung, nicht aus sich selbst heraus zu leben, sondern gerichtet auf die Dinge um sich herum als Bedingungen für das eigene Wohlbefinden. Damit aber wird das Dasein »außengerichtet«, wird die Art zu sein und zu leben von der Logik der Dinge bestimmt (das System, äußere Zeiteinteilung, Routinen, Status u.ä.), geht es auch primär um den eigenen Erfolg und die Erfüllung der eigenen Wünsche und Begierden (»Narzissmus«). In diesem Licht erscheinen die Dinge in der Qualität von Gebrauchsgütern und das Wohlbefinden wird zu einer Frage des Konsums dieser Gebrauchsgüter. Kein Wunder, dass die oben genannten Autoren und viele mit ihnen den stark konsumorientierten modernen Lebensstil mit der Vorherrschaft der Grundhaltung des ›Habens‹ in der modernen Gesellschaft in Verbindung bringen. Wenn zudem das Selbstbild des modernen Menschen das eines Wesens mit unstillbaren Wünschen und Ambitionen ist[89] (darauf komme ich

---

[87] Erich Fromm, *Haben oder Sein* (siehe Anmerkung 24); Balthasar Stähelin, *Haben und Sein*, (siehe Anmerkung 24); Gabriel Marcel, *Être et avoir*, Aubier, Paris 1935.

[88] Siehe das Motto über diesem Kapitel, das dem Buch des stoischen Kaiser-Philosophen Marcus Aurelius, *Selbstbetrachtungen* (viele Ausgaben), Buch 11, Kap. 16 entnommen ist.

[89] Der kanadische politische Philosoph C.B. Macpherson hat gezeigt, dass der Mensch sich seit dem siebzehnten Jahrhundert (Hobbes u.a.) als »infinite desirer, infinite consumer and infinite appropriator« betrachtet, *Democratic Theory. Essays in Retrieval*, OUP, Oxford 1973, S. 24ff.

im nächsten Kapitel zurück), dann sind der Konsummentalität aus einem solchen Selbstbild heraus im Prinzip keine Grenzen gesetzt. Allenfalls wird die Erfüllung dieser Wünsche durch praktische Faktoren wie Undurchführbarkeit oder Unerwünschtheit aufgrund der langfristigen Folgen für die Betroffenen selbst begrenzt.

Nun hat namentlich Fromm darauf hingewiesen, dass ›Haben‹ und ›Sein‹ zwei Seiten der menschlichen Existenz darstellen. Wir müssen Dinge in Besitz nehmen, um zu überleben, und sie uns oft sogar buchstäblich einverleiben. Aber das ist, wie angedeutet, nur ein Aspekt unseres Menschseins und gerade nicht derjenige, in dem seine wirklich humane Qualität liegt. Mit anderen Worten: Das Menschsein hat verschiedene Facetten, die verschiedenen Dimensionen des Wohlbefindens entsprechen. Die Kritik am modernen konsumorientierten Lebensstil besteht also nicht darin, dass er ein Element des ›Habens‹ enthält, sondern dass dieses Element auf Kosten anderer Elemente, die für eine ausgewogene Existenz mindestens ebenso wichtig sind, stark in den Vordergrund getreten ist.

Dimensionen des Wohlbefindens

Das Wohlbefinden ist in der Tat ein mehrdimensionales Konzept, da die menschliche Persönlichkeit, wie bereits erwähnt, mehrere Schichten umfasst. Die Bedürfnisse aller Schichten müssen hinreichend befriedigt werden, damit es Wohlbefinden oder »Glück« gibt. Elementare Formen des Wohlbefindens beziehen sich auf die Befriedigung so genannter primärer Bedürfnisse wie Nahrung, Kleidung, Wohnung, sexuelle Befriedigung, medizinische Versorgung, Sicherheit usw. Diese primären Bedürfnisse werden oft als »niedere« Bedürfnisse bezeichnet, weil sie überwiegend unpersönlicher Natur sind: Um den Hunger zu stillen, ist jedes Brot geeignet, solange es Brot ist. Ähnliches gilt für die anderen genannten Grundbedürfnisse, einschließlich der Sexualität ohne weiteres, im Gegensatz zur viel umfassenderen Liebesbeziehung.

Die Mittel zur Bedürfnisbefriedigung sind in all diesen Fällen austauschbar, sie stehen (wie dieses bestimmte Brot, Kleidungsstück usw.) in einer äußeren Beziehung zu meiner Person und Identität und gehören daher zur Sphäre des ›Habens‹.

Das ändert sich, wenn wir zu den »höheren« psychologischen, mentalen und spirituellen Bedürfnissen übergehen. Dazu gehören Dinge wie Zuwendung, Bestätigung, Anerkennung, Respekt, Fürsorge, Freundschaft, Intimität, Liebe sowie Orientierung und Sinnerfahrung. Das persönliche Element spielt dabei eine unverzichtbare Rolle. All die genannten Dinge sind keine unpersönlichen Ressourcen, die dann anteilmäßig verteilt werden – dann sind sie sozusagen schon vor der Verteilung da und treten erst dann in eine äußerlich bleibende Beziehung zu dieser oder jener Person. Sie sind aber im Gegenteil sehr persönlich gefärbt, beziehen sich auf diese bestimmte Person, existieren auch nur in dieser Beziehung und wären sonst nicht und nicht so da. Sie stehen also (mehr oder weniger) in einer inneren Beziehung zu meiner Person, sind mitbestimmend für meine Identität und damit für mein Wohlbefinden. Auf diese Weise gehören sie in erster Linie zur Sphäre des ›Seins‹. Ein anschauliches Beispiel ist die Szene in dem französischen Film »Être et avoir«, in der es dem Lehrer einer einfachen Dorfschule in der Auvergne in einem Gespräch, für das er sich alle Zeit nimmt, gelingt, ein eher verschlossenes Mädchen durch sehr persönliche Zuwendung aus ihrem Kokon zu holen. Nach Ansicht dieses guten Lehrers geht es bei der Erziehung nicht nur um die Vermittlung von äußerlich bleibenden »Kenntnissen und Fähigkeiten« (Wissen, das man »hat«, obwohl es das natürlich auch ist), sondern mindestens ebenso sehr um Aufmerksamkeit für die gesamte Situation des Schülers (das Wissen, die Erfahrung und die Einstellung, die man »ist«). Die Besprechung des Films in einer der niederländischen Zeitungen endete mit einem Seufzer im Sinne von »Ich wünschte, ich hätte einen solchen Lehrer gehabt«. Und das in einer Situation, in der es eine Vielzahl von fortschrittlichen Lehrmitteln gibt, verglichen mit der fast primitiven Ausstattung der französischen Dorfschule!

Aber das gibt auch genau einen Fingerzeig, wo das Problem liegt. Wie bereits angedeutet, legt die moderne Gesellschaft, ganz im Sinne ihres zuvor skizzierten Bezugsrahmens (entzaubertes Wirklichkeitsbild, Instrumentalismus usw.), einen starken Nachdruck auf die äußeren Aspekte des Daseins, d. h. auf die Sphäre des ›Habens‹. Infolgedessen haben Phänomene wie Technik, Wirtschaft, Management und Recht (ebenfalls in erster Linie ein System von äußerlichen Beziehungen zwischen Personen und Organisationen) in unserer Gesellschaft das Sagen. Dies hat zu einer beeindruckenden sozialen Maschinerie und einem hohen materiellen Lebensstandard geführt, in dem Glauben, dass ein Überfluss an Gütern und Dienstleistungen das »Glück« garantiert (siehe Brechts Motto). Das Paradoxe an der Situation ist jedoch, dass Gefühle der Unerfülltheit und der inneren Leere weit verbreitet sind. Mit anderen Worten: Wir leben in einer Kultur, die im Hinblick auf die äußere Seite des Daseins reich versorgt ist, uns aber im Hinblick auf die tieferen Schichten unseres Menschseins im Regen stehen lässt. Wenn Indikatoren für Wohlbefinden solche Dinge sind wie Entspannung, Freundlichkeit, Ruhe, Ausgeglichenheit, das Gefühl, in einer (zumindest letztlich) sinnvollen Welt zu leben, die alle in einer Grundstimmung der Freude zum Ausdruck kommen; und die gegenteiligen Indikatoren für Unwohlsein Phänomene wie Stress, Burn-out, schnelle Reizbarkeit, Absurditätsbewusstsein, Entwurzelung und Zynismus sind, die sich in Freudlosigkeit, Sauerkeit und Langeweile äußern; dann kann man sich der Schlussfolgerung kaum entziehen, dass die moderne Lebensweise eher eine Quelle des Unwohlseins als des Wohlbefindens ist. Dies deckt sich übrigens mit der bereits von vielen gemachten Erfahrung, dass gerade bei Gruppen und Völkern, die noch unter wenig modernisierten und in unseren Augen ärmlichen und »primitiven« Bedingungen leben, Freundlichkeit, Hilfsbereitschaft, Gastfreundschaft und vor allem eine tiefe Lebensfreude zu finden sind.

Bis hierher wurde davon ausgegangen, dass Wohlbefinden darin besteht, unserer Natur in all ihren Facetten gerecht zu werden. Mit anderen Worten: Wohlbefinden erfordert eine ausgewogene Berücksichtigung der menschlichen Bedürfnisse und Wünsche auf den verschiedenen Ebenen. Je höher diese Bedürfnisse sind, desto persönlicher werden sie, wie gesagt, und können nur auf eine entsprechend persönliche Weise befriedigt werden. Das Problem der modernen Kultur ist jedoch eben, dass sie weitgehend in der Tonart einer unpersönlichen Betrachtungsweise steht. Das gilt selbstverständlich für die moderne Wissenschaft – immerhin eines der prägenden Merkmale der modernen Kultur – mit ihrer objektivierenden Haltung. Das Verhältnis zur Wirklichkeit ist hier, um mit Buber zu sprechen, das eines Ichs zu einem unpersönlichen Es, mit dem deshalb per definitionem keine Kommunikation möglich ist. Dies gilt insbesondere für die Naturwissenschaften mit ihrem ausschließlich äußeren Erfahrungsbegriff. Nicht umsonst galten (und gelten noch immer) die Naturwissenschaften lange Zeit als das Modell der Wissenschaft, und im Vergleich dazu wurden die Geistes- und Kulturwissenschaften, deren »Gegenstand« durch Sinn, Intention und Interpretation, kurz durch eine kommunikative Struktur und einen damit verbundenen persönlich gefärbten Erfahrungsbegriff bestimmt ist, immer wieder als nicht vollwertige Wissenschaften angesehen. Die äußerlich unpersönliche Betrachtungsweise ist aber nicht minder in der Organisations- und Managementtheorie vorherrschend, zumindest in ihrem Mainstream, der ebenfalls primär von der Organisationsstruktur (Aufbau bzw. Neuordnung von Organisationseinheiten, Kompetenzverteilungen u.ä.) und dem Umgang mit Menschen in Form von »Human Resources Management« (sic!) spricht. Zugegeben, aufgrund eines regelmäßigen Scheiterns dieses Strukturdenkens (bei gescheiterten Fusionen oder bei unerwarteten Problemen bei der Einführung neuer Informationsverarbeitungssysteme) ist in letzter Zeit eine Verschiebung der Aufmerksamkeit in der Organisationstheorie hin zur Organisationskultur (Betriebsklima, Art des Managements, Einbeziehung der Arbeitnehmer usw.) zu beobachten. Aber das Odium, dass wir uns hier auf der »sanften« Seite des organisatorischen Spektrums befinden, bleibt bestehen. Und nur am Rande: Ähnliches gilt für die offenbar fast unbändige Tendenz, alles, was zählt, in Größe und Zahl erfassen zu wollen, wie die Qualität von Schulen, Universitäten, Krankenhäusern, Pflegeeinrichtungen usw.

In einer Atmosphäre, in der eine äußerlich unpersönliche und distanzierte Betrachtungsweise vorherrscht (wie in der Psychologie Freuds, in der die psychische Entwicklung aus mechanistisch gedachten Prozessen erklärt wird, die auf einem unpersönlichen Rohmaterial, der Libido, basieren[90]), ist es nur allzu verständlich, dass zunächst jene Bedürfnisse ins Auge fallen, die eine Affinität zu dieser Sichtweise aufweisen – also die wenig oder gar nicht personalisierten Bedürfnisse wie Nahrung, Wohnung etc. oder die Bedürfnisse, die durch Maßnahmen im Bereich des Habens befriedigt werden können. Diejenigen Bedürfnisse jedoch, die in einer eher inneren Beziehung zur Person stehen und damit Seinscharakter haben, werden bei einer äußerlich unpersönlichen Betrachtung entweder zu Nebenerscheinungen der so genannten Primärbedürfnisse umgedeutet (wie bei Freud) oder als zweitrangig angesehen oder sogar ganz ignoriert. Die Tatsache, dass eine ganze Reihe von menschlichen Bedürfnissen und Motiven auf diese Weise nicht berücksichtigt wird, schlägt sich, wie bereits gesagt, in einem mehr oder weniger diffusen Gefühl von Unbehagen, Kälte und Unbefriedigtheit nieder. Kurzum, die moderne Gesellschaft steht stark im Zeichen eines »mechanisierten« Menschen- und Gesellschaftsbildes von äußerlich-anonymen Prozessen.

Der personale Charakter des Menschseins

Dies steht jedoch keineswegs im Einklang mit unserer Selbsterfahrung. Wir erleben uns keineswegs als unpersönliche Dinge (oder Vorgänge) ohne Inneres und Gefühl, denen alles, was um sie herum geschieht, gleichgültig ist, sondern als Wesen, die es von innen

---

90 Obwohl die Psychoanalyse in ihrer Herangehensweise an psychologische Phänomene einen klaren hermeneutischen Charakter aufweist, hat sie bei Freud, weil sie am naturwissenschaftlich-medizinischen Modell orientiert bleibt (ein »Selbstmissverständnis«?), eine deutlich »mechanistische« Prägung.

heraus bewusst erleben und davon tief berührt oder bewegt werden können. Mit anderen Worten: Wir sind Wesen, für die die Dinge alle möglichen Bedeutungen haben. Und weil sie uns betreffen, sind wir beteiligte und interessierte Wesen. Deshalb schmerzt oder verletzt es uns so sehr, wenn die Dinge, die uns etwas (und manchmal viel) bedeuten, gefühllos oder gar böswillig übergangen werden, wenn unser Wesen als diese unverwechselbare Person mit ihren Wünschen, Werten, Ansichten und Initiativen ignoriert und wir zu Marionetten im Spiel Anderer reduziert werden.

Menschsein ist, kurz gesagt, Personsein, und dieses Personsein färbt das Dasein in all seinen Facetten. Schon die körperliche Konstitution des Menschen spiegelt dieses Personsein in den bekannten Merkmalen des aufrechten Ganges mit dem entsprechenden Überblick über die Lage, des opponierbaren Daumens und der damit gegebenen Möglichkeit des Greifens und dergleichen, des differenzierten Sprachorgans und so weiter. Selbstverständlich kann man, wie in der Wissenschaft lange geschehen ist, eine Betrachtungsweise »von unten nach oben« einnehmen. Die besagten Körpermerkmale werden dann als zufällig entstandene Phänomene betrachtet, die mehr oder weniger glückliche Bedingungen für die Personenmerkmale des Menschseins bilden. Letztere sind dann sekundäre Folgen anonymer ungerichteter biologischer Prozesse.

Dennoch scheint es mir in diesem Fall, wie auch in einer Reihe anderer, nicht unplausibel, eine Betrachtungsweise »von oben her« anzunehmen. Die verschiedenen Phänomene werden dann nicht isoliert betrachtet, sondern als Aspekte einer Entwicklung in eine bestimmte Richtung, d.h. in diesem Fall einer sich immer deutlicher herauskristallisierenden Seinsweise des Menschen als Person. Die hervorstechenden körperlichen Merkmale des Menschen sind dann Ausdruck der Tatsache, dass seine Körperlichkeit bereits einen persönlichen Charakter hat. Darin liegt auch das Bindeglied zwischen diesen auf den ersten Blick unverbundenen Merkmalen. Wenn aber unsere Leiblichkeit bereits Person- oder Geistcharakter besitzt, dann gilt das – und das war ja mein Punkt – auch für unsere leiblichen Bedürfnisse. Deshalb ist z.B. die bekannte Aussage »Erst kommt das Fressen und dann die Moral« nur teilweise richtig. Sicherlich gibt es Situationen großer Not, z.B. akute Hungersnöte, in denen Menschen ohne Rücksicht auf Andere für sich selbst gehen und sogar buchstäblich bereit sind, für eine Handvoll Lebensmittel (»eine Schüssel Linsen«) über Leichen zu gehen. Aber auch unter diesen Umständen gilt das schon nicht für alle, so gibt es Menschen, die die Interessen Anderer (z.B. weil sie jung sind und das Leben noch vor sich haben oder weil sie eine Familie haben) über ihre eigenen stellen. Und selbst in Situationen großen Hungers bringen es überzeugte Hindus nicht oder nur schwer übers Herz, Rindfleisch zu essen, oder können Menschen aus allen möglichen Kulturen wie der unseren ihren tiefen Ekel vor dem »Schlachten« und Essen eines Mitmenschen kaum überwinden. Starke biologische Neigungen sind also schon hier stark von weltanschaulichen, religiösen oder moralischen Überzeugungen beeinflusst.

Ähnliches gilt für das gesamte Spektrum der menschlichen Bedürfnisse und Wünsche. Auch unsere Gefühlsstruktur ist »geistdurchdrungen«, und zwar umso mehr, wenn es um die höheren Emotionen (z.B. der Sorge, der Empörung, der Freude, der Traurigkeit usw.) geht. Gerade bei diesen höheren Emotionen geht es um etwas; wir werden aus gutem Grund böse, wenn einer alten Frau die Handtasche geraubt oder ein Kollege ungerecht behandelt wird. Und wir werden aus gutem Grund traurig, wenn ein Familienmitglied oder ein enger Freund ein schweres Unglück erleidet, zum Beispiel den Verlust des Partners. In diesem Sinne gibt es eine Rationalität der Gefühle. Es wäre im Gegenteil irrational, wenn wir beim Anblick der Beraubung oder bei der Nachricht von dem Unheil unbeeindruckt blieben. Zum menschlichen Bedürfnismuster gehört also das Teilen von Emotionen, Mitgefühl, Mitleid, aber auch Mitfreude mit Anderen.

Überhaupt bedeutet Personsein, seinem Wesen nach, auf Andere und das Andere bezogen zu sein, offen zu sein für und in Beziehung zu diesen Anderen und dem Anderen. Mit anderen Worten, die Person ist in erster Linie eine Relations- und keine Ding- oder Substanzkategorie, dies im Gegensatz zu dem, was in der Neuzeit oft gedacht wurde – man denke zum Beispiel an Descartes' Charakterisierung der Seele als »denkendes Ding« (res cogitans) und an die (frühe) liberale Vorstellung von der Gemeinschaft als einem Aggregat in sich geschlossener, von Natur aus nicht sozialisierter Individuen. Und weil der Mensch von Natur aus ein Beziehungswesen ist, sind Dinge wie Aufmerksamkeit, Bestätigung, Respekt, Sorge, Fürsorge, Freundschaft und Liebe für sein Gedeihen so wichtig. Ein Mensch kann also materiell noch so gut versorgt sein, ohne Anerkennung, Wertschätzung, Respekt usw. von Seiten Anderer verkümmert sie oder er. D.h.: Der Mensch lebt, namentlich auch hier, nicht vom Brot allein.

Es kommt noch ein Umstand hinzu. Was von der Art des Unpersönlichen ist, kann »gemacht«, bewerkstelligt oder organisiert werden. Dies ist jedoch nicht möglich bei all den Dingen, die zur Ordnung des Persönlichen gehören, wie Zuwendung, Fürsorge, Freundschaft und so weiter. Es können hier zwar günstige Bedingungen geschaffen oder Hindernisse beseitigt werden, aber die Phänomene selbst lassen sich so nicht herbeiführen. Es würde auch dem Wesen von Dingen wie Wertschätzung, Autorität, Mitgefühl, Freundschaft usw. widersprechen, sie im Moment des Bedarfs sozusagen aus einem unpersönlichen Vorrat heraus »organisieren« zu wollen. Mit anderen Worten: Solche Bedürfnisse können nur befriedigt werden, wenn andere ihrerseits spontan und in sehr persönlicher Weise Aufmerksamkeit, Wertschätzung oder Zuwendung zeigen, wenn sie also sich selbst und nicht nur ihr Geld und ihre Güter ins Spiel bringen. Persönliche Zuwendung und Zuneigung für ein Kind lässt sich ja nicht durch ein Paar neue Markenschuhe oder eine Taschengelderhöhung ersetzen (»abkaufen«).

Unwohlsein erzeugende Faktoren

Die Schlussfolgerung ist, dass ein nicht unerheblicher Bereich von Phänomenen, und zwar gerade solche, die für das Menschliche am Menschen wesentlich sind und unverzichtbare Bestandteile des menschlichen Wohlbefindens darstellen, sich prinzipiell einer aktivistischen Betrachtungsweise entziehen, die alles kontrollieren will. Dazu müsste sie jedoch die äußerlich-objektivierende Ich-Es-Haltung einnehmen, die wiederum den Phänomenen, die zur Ordnung des Persönlichen gehören, grundsätzlich nicht gerecht werden kann – darunter vor allem all jenen Phänomenen, die einen intersubjektiven Charakter haben wie Bestätigung, Respekt und Freundschaft. Die ganze technisch-ökonomisch-organisatorische Maschinerie, die die moderne Kultur so sichtlich prägt und die immer mit dem Verweis auf die Sicherung des menschlichen Wohlbefindens oder »Glücks« gerechtfertigt wird, betrifft also nur die äußeren Bedingungen dieses Wohlbefindens. Und nicht, dass das unwichtig ist: Ein Großteil des Unwohlseins ist auf äußere Faktoren wie Hunger, Armut, unhygienische Bedingungen, die schwere Krankheiten verursachen, usw. zurückzuführen. Indem man sich mit diesen befasst, werden wichtige Ursachen des Unwohlseins beseitigt. Dies ist jedoch etwas ganz anderes, als zu sagen, dass jeder Schritt nach vorn in dieser Hinsicht an sich schon ein Beitrag zur Förderung des Wohlbefindens ist. Nicht nur, dass auf diesem Weg wichtige Dimensionen des Wohlergehens gar nicht erst in den Blick kommen, insbesondere solche, die auf der zwischenmenschlichen und geistigen Ebene liegen. Aber abgesehen davon, dass es (ab einem gewissen Punkt) keine direkte Korrelation von Wohlstandszuwachs und Wohlbefinden gibt, sie können miteinander auf regelrecht gespanntem Fuß geraten, was in unserer Gesellschaft auch regelmäßig geschieht. Die Tatsache, dass wir immer mehr vom Arbeitsprozess (und einer immer höheren Arbeitsproduktivität) absorbiert werden (»Arbeit, Arbeit, Arbeit!«), führt beispielsweise dazu, dass wir immer weniger Zeit füreinander, für unsere Freundschaften und Kontakte mit Bekannten haben; kurzum, die sozialen Beziehungen werden immer oberflächlicher, flüchtiger und spärlicher. Diese Spannung entsteht bereits auf einer grundlegenderen physischen und psychischen Ebene, wenn die Arbeitswelt uns einen mechanischen und monotonen Zeitrhythmus aufzwingt (»Leben nach der Uhr«), der immer weniger mit unseren natürlichen physischen und psychischen Rhythmen übereinstimmt[91]. Mit den sich daraus ergebenden bekannten und weit verbreiteten Phänomenen des Stresses, der Überanstrengung und des Burn-outs. Das derzeitige Gesellschaftssystem, das stets als Mittel zur Steigerung des menschlichen Wohlbefindens gerechtfertigt wird, erzeugt kurzum massenhaft Unwohlsein, indem es von einer unzureichenden und in mancher Hinsicht notorisch falschen äußeren Vorstellung von Wohlbefinden ausgeht.

Die spirituelle Dimension

Ich möchte dem Gedankengang ein letztes Glied hinzufügen. Dabei knüpfe ich an die frühere Behauptung an, dass das Wohlbefinden, der zentrale Begriff dieser Überlegungen, darin besteht, allen Dimensionen der menschlichen Natur gerecht zu werden, d.h. die zu diesen verschiedenen Dimensionen gehörenden Bedürfnisse zu befriedigen, und nicht nur einige von ihnen. Eine entscheidende Frage ist dann also, um welche Dimensionen es sich handelt und in welcher Beziehung sie zueinander stehen. Das bedeutet, dass hinter jeder Erklärung des Wohlbefindenskonzepts, auch hinter der meinen, ein bestimmtes Menschenbild, eine Sicht der charakteristischen Merkmale des Menschseins steht. Wenn, wie ich behaupte, eine spirituelle Dimension Teil der menschlichen Seinsweise ist, wenn mit anderen Worten die menschliche Existenz »von Geist durchzogen« ist, und zwar, wie bereits erwähnt, schon auf der körperlichen Ebene, dann kann man nicht von wahrem Wohlergehen sprechen, ohne die spirituellen Bedürfnisse des Menschen zu berücksichtigen. (Dies wirft die Frage auf, ob der Bedürfnisbegriff, der ja in erster Linie mit den »primären« Lebensbedürfnissen assoziiert wird, hier nicht an seine Grenzen stößt).

---

91 Siehe u.a. die beiden von Martin Held und Karlheinz Geissler herausgegebenen Bände *Ökologie der Zeit. Vom Finden der rechten Zeitmaße* und *Von Rhythmen und Eigenzeiten. Perspektiven einer Ökologie der Zeit,* beide erschienen bei Hirzel, Stuttgart, respektive 1993 und 1995. Siehe dazu auch meine Studie *Die Wirklichkeit aus neuer Sicht* (siehe Anmerkung 26), S. 87ff.

Der Ausdruck, der üblicherweise verwendet wird, um das geistige Bedürfnis, um das Wort denn doch zu verwenden, anzudeuten, ist die »Nachfrage nach Sinn«. Der philosophische Soziologe Peter Berger sagt zu dieser Frage: »Das Bedürfnis nach Sinn ist mit ziemlicher Sicherheit in der Konstitution des Menschen begründet.« Wie er auch das »menschliche Bedürfnis nach Sinn ... als ein historisches und kulturübergreifendes Universalphänomen« bezeichnet[92]. Dabei geht es um Fragen wie die nach unserem Woher und unserer Bestimmung, nach unserer tiefsten Identität, nach dem Warum der Dinge usw. Kein Geringerer als der metaphysische Skeptiker Kant sagt, dass wir nicht umhin können, solche Fragen zu stellen. Und Kolakowski meint sogar, dass »von allen traditionellen Themen, mit denen sich die Philosophie befasst, ... dieses das traditionellste von allen (ist): die Frage nach dem ›Sinn des Lebens‹.«[93] Der Mensch ist, kurz gesagt, von Natur aus ein sinn- und orientierungsuchendes Wesen, das sich gerne in einem größeren Zusammenhang oder einer größeren »Geschichte« einordnen möchte.

In der Tat kann man Spiritualität als das Bewusstsein bezeichnen, dass es eine Dimension der Wirklichkeit gibt, die unsere irdische Realität transzendiert, zu der wir aber gleichzeitig eine Beziehung haben, die unserer Existenz Tiefe und Spannkraft verleiht – ob wir das nun grundsätzlich als Identität begreifen wie im Hinduismus (»tat swam asi«, das bist du), als Verwandtschaftsverhältnis wie im Christentum, als Abhängigkeitsverhältnis wie insbesondere im Islam oder wie auch immer, obwohl das natürlich von tiefgreifender Bedeutung ist. Das Entscheidende aber ist, dass die Wirklichkeit in all diesen Fällen nicht mit ihrer empirisch erfahrbaren Erscheinungsform zusammenfällt, sondern dass letztere Ausdruck einer dahinter liegenden geheimnisvollen Wirklichkeit ist, die in ihr durchscheint und sich nur indirekt zu erkennen gibt – Goethe gießt diese Erkenntnis in die Formulie-

---

92 Peter Berger, *Pyramids of Sacrifice* (siehe Anmerkung 9), S. 193, 196.
93 L. Kolakowski, *Der Mensch ohne Alternative*, Piper, München 1967, S. 169.

rung, dass die Welt der Erscheinungen »der Gottheit lebendiges Kleid« oder auch »Gottes Handschrift« ist. In diesem Zusammenhang ist es interessant, dass eine ganze Reihe prominenter Physiker des zwanzigsten Jahrhunderts, die sich professionell mit der empirischen Seite der (anorganischen) Natur befassen, diese dennoch als in einer zugrundeliegenden »wundersamen« Realität verankert betrachten. Für sie alle steht die »religiöse« Haltung also keineswegs im Widerspruch zur Wissenschaft, sondern ist sie deren notwendige Ergänzung.[94]

Wenn darüber hinaus die Sinnfrage ihren Platz in einer religiösen oder spirituellen Deutung der Wirklichkeit hat, ist es nur logisch, dass die Wissenschaft, die sich im Prinzip auf das faktisch Erfassbare konzentriert, die Sinnfrage aus der Hand gegeben hat. Wenn die (moderne!) Wissenschaft jedoch Ausdruck des viel umfassenderen Modernisierungsprozesses ist, wenn sie in hohem Maße als Modell für die moderne Bewusstseinsform im Allgemeinen oder für die moderne »entzauberte« Sicht der Dinge dient – Weber definiert »Entzauberung der Welt« in Termini von Verwissenschaftlichung, Intellektualisierung und Desillusionierung[95] –, dann ist es kein Zufall, dass Spiritualität und Sinn in der modernen Kultur zu knappen Ressourcen geworden sind, um mit Habermas zu sprechen[96]. Und nicht zufällig muss die moderne Kultur für Außenstehende wie die eingangs erwähnten Autoren von *Nach den Reichen schauen* als eine glaubenslose Kultur erscheinen.

---

[94] H.-P. Dürr (Hg.), *Physik und Transzendenz. Die großen Physiker unseres Jahrhunderts über ihre Begegnung mit dem Wunderbaren*, Scherz, Bern 1986. Beiträge stammen von David Bohm, Niels Bohr, Max Born, Arthur Eddington, Albert Einstein, Werner Heisenberg, James Jeans, Pascual Jordan, Wolfgang Pauli, Max Planck, Erwin Schrödinger und Carl Friedrich von Weizsäcker. Bekannt ist z.B. Einsteins Aussage: »Naturwissenschaft ohne Religion ist lahm, Religion ohne Naturwissenschaft ist blind.« (p. 75).

[95] »Wissenschaft als Beruf«, in: Max Weber, *Soziologie, Weltgeschichtliche Analysen, Politik*, Kröner, Stuttgart 1956, S. 317.

[96] J. Habermas, *Legitimationsprobleme im Spätkapitalismus*, Suhrkamp, Frankfurt a.M. 1973, S. 104.

Für die Teilnehmer dieser Kultur äußert sich dies in einem Gefühl der inneren Leere und Unbefriedigtheit oder noch stärker in existenzieller Frustration und neurotischen Phänomenen. »Jede Zeit«, schreibt der Wiener Psychiater Viktor Frankl, »hat ihre Neurose – und jede Zeit braucht ihre Psychotherapie. Tatsächlich sind wir heute nicht mehr wie zur Zeit von Freud mit einer sexuellen, sondern mit einer existentiellen Frustration konfrontiert. Und der typische Patient von heute leidet nicht mehr so sehr wie zur Zeit von Adler an einem Minderwertigkeitsgefühl, sondern an einem abgründigen Sinnlosigkeitsgefühl, das mit einem Leeregefühl vergesellschaftet ist – weshalb ich von einem existenziellen Vakuum spreche.«[97] Darauf führt er auch die in der modernen Gesellschaft weit verbreitete hohe Rate von Selbstmordversuchen, von Alkoholismus, Drogensucht, Vandalismus und Aggressivität zurück, und dann auch die Flucht in den Konsum als Kompensation für eine geistig leer gewordene Existenz. Entsprechend führt der Schweizer Psychiater Balthasar Stähelin eine Reihe von psychischen Störungen auf das zurück, was er »Seinsvergessenheit« nennt, von ihm auch als Verlust der »zweiten Wirklichkeit« bezeichnet, die dem Dasein Sinn, Orientierung und geistige Tiefe verleiht. Und auch er verbindet diese Seinsvergessenheit mit einem Ausweichen in ein Leben des ›Habens‹ und des Konsums bzw. der Entstehung der heutigen »sinnentleerten Konsumgesellschaft«[98].

Dies führt uns einmal mehr zu der gleichen Schlussfolgerung wie zuvor, nämlich dass der moderne Lebensstil, der auf einem verengten Bezugsrahmen beruht, wesentliche menschliche Bedürfnisse unbefriedigt lässt, bestenfalls ein Surrogat dafür bietet und daher seinem Anspruch, als Weg zu wahrem Wohlbefinden zu dienen, nicht gerecht werden kann.

---

97 Viktor Frankl, *Der Mensch vor der Frage nach dem Sinn*, Piper, München 1985, S. 141.

98 Balthasar Stähelin, *a.a.O.* (Anm. 24), S. 11, 28f, 30 und passim.

Revision des modernen Lebens und Denkens

Wenn die bisherige Argumentation stichhaltig ist, gibt es also zwei gute Gründe, die moderne Lebens- und Denkweise (»Modernität«) einer mehr oder weniger radikalen Revision zu unterziehen. Der erste ist, dass sie ökologisch äußerst fragwürdige Folgen produziert bzw. mit unverantwortlichen Kosten für künftige Generationen, für unsere Mitbewohner auf diesem Planeten und letztlich für die moderne Gesellschaftsform selbst verbunden ist, die damit ihre eigenen Existenzbedingungen untergräbt. Nicht weniger aber bedeutet sie durch Leistungsdruck, Wettbewerbsmentalität und dergleichen einen Angriff auf die psychische und soziale Tragfähigkeit der menschlichen Existenz. Das Ziel der gesamten Modernisierung war natürlich die Förderung des menschlichen Wohlbefindens. Und dass in dieser Hinsicht beeindruckende Ergebnisse erzielt wurden (Eindämmung von Krankheiten, Leiden und Schmerzen, Verringerung von Hungersnöten, Bändigung und positive Nutzung der Naturkräfte), steht, nochmals, außer Zweifel. Aber, und das ist der zweite Grund, die moderne Lebensweise ist dabei über ihr Ziel hinausgeschossen. Indem sie sich einseitig auf bestimmte Aspekte der Förderung des Wohlbefindens, also auf die äußeren »materiellen« Bedingungen, konzentriert, vernachlässigt sie nicht nur andere Dimensionen dieses Wohlbefindens, die in der Sphäre des Persönlichen, Sozialen, Spirituellen und Existenziellen angesiedelt sind, sondern beeinträchtigt sie die auch erheblich. Kurz gesagt, wenn der moderne Lebensstil überhaupt der Weg zum »Glück« wäre, dann wäre er aus äußeren Gründen allzu kostspielig. Aber auch aus mehr internen Gründen, die in der »Logik« des Konzepts des Wohlbefindens selbst begründet sind, stellt sich heraus, dass sie das nicht ist.

Die moderne Kultur und Existenzform wird, so die Schlussfolgerung, ihren Begriff des Wohlbefindens erheblich neu kalibrieren müssen. Den vernachlässigten Dimensionen des Wohlbefindens muss viel mehr Aufmerksamkeit geschenkt werden. Es ist nur allzu verständlich, dass vor allem Psychiater darauf bestehen: Schließlich sind sie ständig mit den negativen Folgen des modernen Lebensstils konfrontiert. Doch selbst dort, wo sich die problematischen Aspekte innerhalb gewisser Grenzen der »Normalität« bewegen, bleibt ein weit verbreitetes Gefühl der Unbefriedigtheit, ein Gefühl also, dass dies nicht das echte Glück ist. Mit anderen Worten: Wir haben, wenn auch oft nur diffus, das Gefühl, dass wesentliche Dinge vernachlässigt oder beeinträchtigt worden sind. Daran kann ein Prozess der Bewusstwerdung dessen, was in Bedrängnis geraten ist, anknüpfen, um zu einer anderen Gewichtung der Prioritäten und einer entsprechend anderen Gestaltung des Daseins zu gelangen. Um einen früheren Gedanken aufzugreifen, würde dies bedeuten, den Schwerpunkt von einer Haltung des ›Habens‹ zu einer des ›Seins‹ zu verlagern, d.h. eine »Entmaterialisierung« unserer Lebensweise, eine Konzentration auf die eher innere (im Gegensatz zur äußeren) Seite des Daseins, die Schaffung von Raum für persönliche Entwicklung, dauerhafte und tiefe soziale Beziehungen und spirituelle Vertiefung.

Die Mittel dazu sind vorhanden. Um nur dies zu erwähnen: Es stimmt, dass die Religion in ihrer traditionellen organisierten Form einer starken Erosion unterliegt. Aber die religiöse Erfahrung sucht überall nach neuen Ausdrucksformen, sie ist also keineswegs im Verschwinden begriffen, sondern »gruppiert« sich sozusagen neu und erlebt eine beeindruckende Wiederbelebung. In diesem Zusammenhang ist es bezeichnend, dass innerhalb des traditionell eher antireligiösen Humanismus das Thema Religion kein Tabu mehr ist und sich eine eindeutig religiös-humanistische Strömung manifestiert. Mit anderen Worten: Rückblickend scheint sich der Widerwillen eher gegen die Institution als gegen das Phänomen Religion gerichtet zu haben.

Diese aus Raumgründen stark skizzenhaften Vorstellungen darüber, in welche Richtung das vorherrschende Konzept des Wohlbefindens angepasst werden sollte, deuten, wie bereits angedeutet, darauf hin, dass es nicht beim Wohlbefindenskonzept allein bleiben kann. Wir haben vorhin gesagt, dass hinter einem Wohlbefindenskonzept immer ein (normativ gefärbtes) Menschenbild steht. Anders über das Wohlergehen zu denken bedeutet daher, anders über uns selbst zu denken. Ansätze dazu gibt es Legion.

Um bei der Philosophie zu bleiben: Die Existenzphilosophie hat uns gelehrt, dass der Mensch kein anonymes Objekt ist, sondern in erster Linie eine Person, ein durchlebtes Subjekt – eine Sicht des Menschen, die von allerlei anderen Denkströmungen aufgegriffen wurde. Und die dialogische Philosophie fügte hinzu – eine Idee, die ebenfalls weite Verbreitung gefunden hat –, dass dieses Personsein wesentlich intersubjektiv gefärbt ist, dass also, wie wir bereits gesehen haben, Personsein immer bedeutet, in Beziehung zum Anderen zu stehen.

Neukalibrierung des modernen Bezugrahmens

Damit sind wir wieder bei einem früheren Gedankengang angelangt, nämlich dass das Konzept des Wohlbefindens immer Teil eines umfassenderen Bezugsrahmens ist, der ein Realitätsbild, ein Selbstverständnis, eine Werttheorie und ein Wissenskonzept umfasst, wobei diese Komponenten zueinander in Beziehung stehen und sich gegenseitig bestimmen. Für den vorherrschenden (äußeren) Begriff des Wohlbefindens bedeutete dies, dass er mit einer »mechanisierten« oder »entzauberten« Sicht der Wirklichkeit, einem aktivistischen Menschenbild, das sich zudem als Ziel und Maß der Dinge setzt (»Anthropozentrismus«), und einem instrumentell-operativen Wissensbegriff einherging. Eine Rekalibrierung des modernen Wohlergehensbegriffs bedeutet also eine Rekalibrierung des modernen Bezugrahmens insgesamt.

Auch dafür gibt es viele Bausteine. Um nur einige zu nennen: Die Vorstellung einer »entzauberten« Wirklichkeit als Aggregat toter, passiver, stummer und in sich bedeutungsloser Objekte, die völlig kausal determiniert und damit berechenbar sind, ist angesichts der Entwicklungen in den Natur- und Lebenswissenschaften im letzten Jahrhundert höchst unplausibel geworden. Vieles spricht dafür, das »mechanistische« Weltbild durch ein »organismisches«

Weltbild zu ersetzen, in dem Aktivität, Spontaneität, Kreativität, Selbstorganisation u.dgl. eine wichtige Rolle spielen.[99]

Eine solche Sicht der Dinge kann nur Bewunderung hervorrufen für die enorme Komplexität und die unvorstellbar feine Abstimmung der Phänomene und Prozesse in der Natur, für ihre Schönheit und ihr immenses Potential, kurz: für das Geheimnis der Wirklichkeit. Dies entspricht, um auf dieses Thema zurückzukommen, ganz der von vielen Künstlern dargestellten oder in Worte gekleideten Vorstellung, dass die Dinge eine eigene Seinsweise und nachdrückliche Präsenz haben, dass sie ihrerseits etwas »sagen«[100] (wenn auch nicht in menschlicher Sprache) und dass sie daher ein Recht darauf haben, in ihrer Würde nicht verletzt und mit Umsicht behandelt zu werden.

Dies entspricht einer Haltung der Offenheit und Empfänglichkeit für das »Wunderbare« der Realität, eine völlig andere Haltung als die des Zugreifens, Kontrollierens und Ausbeutens, die zu einer Sicht der Realität als eines Ensembles toter Objekte und anonymer Prozesse passt. Und um nochmals auf etwas zurückzukommen, worüber wir vorhin gesprochen haben, passt diese rezeptive und geduldige Haltung auch besser zu entscheidenden Phänomenen im menschlichen Dasein wie Vertrauen, Autorität, Respekt, Loyalität, Freude, Freundschaft und so weiter, die alle nicht erzwungen oder absichtlich herbeigeführt werden können, sondern nach ihren eigenen Rhythmen wachsen müssen, die man also »kommen lassen« muss. Mit anderen Worten: Sie entziehen sich prinzipiell einem instrumentellen Ansatz. Da sie nicht zielgerichtet »gemacht« werden können, entstehen sie naturgemäß nur

---

99 Siehe mein in Anmerkung 26 erwähntes Buch.

100 Man denke zum Beispiel an die berühmten Gedichtzeilen vom flämischen Dichter Guido Gezelle: »Mir spricht die Blume eine Sprache…« Und
»Wenn die Seele zuhört,
Spricht alles, was lebt, eine Sprache,
Das sanfteste Flüstern
Hat auch eine Sprache und ein Zeichen…«
Analoge Aussagen (einige von ihnen wurden bereits erwähnt) bei Ida Gerhardt, Hans Andreus, Ferze Pijlman, Rainer Maria Rilke und vielen anderen.

als nicht intendierte Begleiterscheinung von Aktivitäten, die auf andere Dinge abzielen, bzw. als »Zugabephänomen«, z.B. Freude als spontan auftretende Begleiterscheinung von gemeinsamem Musizieren, Theaterspielen, Sport treiben usw. Auch hier ist der Befund, dass das, was aktiv in die Hand genommen werden kann, nur äußere Bedingungen der menschlichen Existenz betrifft – alles andere als unwichtig, aber es bleibt, wie oben erwähnt, in der Sphäre des Äußerlichen und des ›Habens‹.

Zusammenfassend lässt sich sagen, dass es triftige Gründe für einen Mentalitätswandel hin zu einer Haltung des ›Seins‹ gibt. Es wäre der Weg sowohl zu einem weniger konsumorientierten und sparsameren Umgang mit unserer natürlichen Umwelt und unserer soziokulturellen Realität als auch zu einer mehr ausgewogenen Verwirklichung des »echten« menschlichen Wohlbefindens.

Kapitel 4. Auf dem Weg zu einer nachhaltigen und humaneren Wirtschaft

Eine kulturphilosophische Betrachtung der Wirtschaft und des wirtschaftlichen Denkens

Betrachtung in breiterem Rahmen

In letzter Zeit werden immer wieder Stimmen laut, dass mit unserem ökonomischen System etwas grundlegend schief gegangen ist. Man denke an die immer wachsende Kluft zwischen Arm und Reich, die Verknappung der Rohstoffe, das Klimaproblem usw. Die jüngste Korona-Krise hat darüber hinaus die Aufmerksamkeit auf die Anfälligkeit des Sozialsystems gelenkt. Sie könnte, wie von verschiedenen Seiten argumentiert wurde, der immer hinausgeschobene Moment des Nachdenkens über eine »andere«, menschlichere Wirtschaft sein, eine Art *versteckter Segen*, der sich uns bietet. Wenn diese Chance genutzt würde und wir nach der Krise nicht zum »*business as usual*« zurückkehren würden, kommt es darauf an, die richtige Diagnose zu stellen. Die folgenden Ausführungen sollen einen Beitrag dazu leisten. Und zwar, indem wir einen Schritt zurücktreten und nach den allgemeinen sozialen und kulturellen Bedingungen fragen, unter denen dieses Wirtschaftssystem entstanden ist. Die Frage lautet also: Wann und unter welchen kulturellen und sozialen Bedingungen sind die in Kraft seiende Wirtschaft und die sie begleitende Wirtschaftswissenschaft entstanden, von welcher kulturellen und sozialen Konstellation sind sie der Ausdruck? Oder anders formuliert: In welcher Art von Gesellschaft und Kultur konnten diese Wirtschaft und Wirtschaftswissenschaft zur Entfaltung kommen? Und welche Lehren könnten wir daraus für eine Wirtschaft ziehen, die wieder im Dienste des Menschen steht?

Drei Perspektiven auf soziale Phänomene

Im weiteren Verlauf dieser Überlegungen greife ich auf eine interessante Form der Geschichtsschreibung zurück, die von der französischen Annalen-Schule entwickelt wurde, deren bekanntester Vertreter Fernand Braudel (1902–1985) war. Dabei wird eine aufschlussreiche Unterscheidung zwischen historischen Ereignissen auf drei Ebenen getroffen, nämlich auf der Ebene der Strukturen, der Konjunkturen und der Ereignisse. Ereignisse sind die Vorgänge an der Oberfläche des historischen Veränderungsprozesses, wie Kriege, Revolutionen, Regimewechsel und dergleichen. Sie springen am direktesten ins Auge, haben deswegen auch vorwiegend unser Bild der Geschichte bestimmt. Doch haben sie in der Regel, wie im Falle von Revolutionen, nur eine geringe Wirkung gehabt. Es handelt sich um kurzwellige Ereignisse, die die Prozesse von längerer Wellenlänge darunter kaum vom Kurs abbringen. In Braudels Sprache sind sie Ereignisse der kurzen Frist (›courte durée‹) oder evenementiellen Zeit (›temps évenementiel‹).

Darunter liegen, wie angedeutet, als tiefere Schicht mittelfristige Prozesse wie Wirtschaftszyklen oder die Fortwirkung technologischer Innovationen. Sie geben bestimmten Zeiträumen ein Gesicht und grenzen sozusagen das Spielfeld der Ereignisse ab. Diese Konjunktionen sind viel weniger auffällig als die direkt wahrnehmbaren Ereignisse, aber sie prägen das historische Geschehen viel stärker. Man kann auch an das geistige Klima von Epochen wie der Renaissance, der Aufklärung oder der Romantik denken, das das Denken und Handeln in den jeweiligen Epochen stark ausrichtete.

Darunter liegen in der Sichtweise der Annalenschule die langwelligen Prozesse der Geschichte, die langsam verlaufenden Veränderungen der langen Frist (»longue durée«), bei denen es sich um grundlegende Verschiebungen handelt, die für die Zeitgenossen kaum oder gar nicht sichtbar sind. Sie können nur im Nachhinein und aus einer gewissen Distanz von einem dafür geschärften Auge wahrgenommen werden. Doch ist dies die Grundschicht, die die Prozesse auf den anderen Ebenen trägt und ihre Richtung und ihren Spielraum bestimmt, sozusagen die tektonische Platte, die alles in ihrem eigenen Tempo mitführt und allem ihren prägenden Stempel aufdrückt.

Eine solche Betrachtungsweise könnte nun auch auf die Wirtschaft angewendet werden. Auf der Ebene der wirtschaftlichen Ereignisse bzw. ›Evenemente‹ liegen die kurzfristige Entwicklungen in der Disziplin, um nur einige wenige zu nennen, die Diskussionen über konkrete Fragen, z. B. warum die Maßnahmen der Europäischen Zentralbank zur Ankurbelung der Ökonomie auf dem europäischen Kontinent kaum funktionieren oder warum der aktuelle neoklassische Mainstream der Wirtschaftswissenschaften die Wirtschaftskrise nicht kommen sah. Auf der mittleren Ebene lassen sich die Entwicklungen dann als die fortschreitende Formalisierung und Mathematisierung der Wirtschaftswissenschaft seit den 1960er Jahren verorten. In dem Maße, in dem sie immer abstrakter wurde und sich immer weiter von der »realen Welt« entfernte, wurde die Wirtschaftswissenschaft gleichzeitig immer weniger politikrelevant.[101] Dies hat sicherlich auch dazu beigetragen, dass sich die Wirtschaftswissenschaft zunehmend in sich selbst zurückzog und sich als quasi autonome Domäne gegenüber den anderen Sozialwissenschaften abgrenzte, mit einer eigenen Begriffswelt, eigenen Methoden und einem eigenen Gegenstand – was im Übrigen die Sichtweise des Wirtschaftssektors als mehr oder weniger geschlossenes soziales System mit eige-

[101] Siehe z. B. Wassily Leontief in *Science*, Bd. 217 (9.7.1982), S. 104: »Die Fachzeitschriften für Wirtschaftswissenschaften sind seitenweise mit mathematischen Formeln gefüllt, die den Leser von mehr oder weniger plausiblen, aber völlig willkürlichen Annahmen zu präzise formulierten, aber irrelevanten theoretischen Schlussfolgerungen führen.« Und Ronald Coase: »Die bestehende Wirtschaftswissenschaft ist ein theoretisches System, das in der Luft schwebt und wenig Bezug zu dem hat, was in der realen Welt geschieht.«

nen Kausalitätsformen und eigenen Gesetzmäßigkeiten inmitten des gesellschaftlichen Gesamtsystems widerspiegelt. Mit anderen Worten: Der Wirtschaftsprozess wird in dieser Sichtweise allein oder zumindest überwiegend durch ökonomische Voraussetzungen bestimmt.

Darunter lässt sich bei genauerem Hinsehen jedoch noch eine dritte Ebene erkennen. Schließlich erhält eine Gesellschaft die Wirtschaft, die sie »verdient«, d.h. die zu ihr passt. Dass die moderne Gesellschaft die Wirtschaft und die Wirtschaftswissenschaft bekommen hat, die sie de facto hat, kann dann in eine breitere kulturphilosophische Perspektive gestellt werden. Auf dieser Ebene der Analyse ginge es darum, das grundlegende Profil und die Strukturen der modernen Gesellschaft aufzudecken, wie sie sich in einem jahrhundertelangen Prozess herauskristallisiert haben. Auf diese Weise könnte sichtbar gemacht werden, dass bestimmte Entwicklungen in der (Mainstream-)Wirtschaft Teil eines übergreifenden evolutionären Prozesses der modernen Gesellschaft insgesamt sind.

Die Moderne als tektonische Platte der modernen westlichen Gesellschaft

Die tektonische Platte der westlichen Gesellschaft in den letzten Jahrhunderten ist, um bei diesem Bild zu bleiben, die der »Moderne«[102]. Sie ist die Bezeichnung für eine Lebens- und Denkweise, die sich seit dem Übergang vom Spätmittelalter zur Frühen Neuzeit (vierzehntes bis siebzehntes Jahrhundert) zunehmend durchgesetzt hat. Ich greife das bereits in Kapitel 1 angesprochene Thema hier noch einmal auf, weil es meines Erachtens für das Verständnis der modernen Wirtschaft mit ihren besonderen Merkmalen von großer Bedeutung ist.

---

102 Wie ich später darlegen werde, ist dies ein Aspekt der Moderne, sozusagen die Hälfte der Geschichte. Aber der Aspekt, der den Verlauf der modernen Gesellschaft weitgehend bestimmt hat.

Soziologisch gesehen ist der Übergang von der vormodernen zur modernen Gesellschaft, wie bereits erwähnt, mit dem Aufkommen des »dritten Standes«, des Großbürgertums oder Patriziats, verbunden. Es handelt sich um die führende Kaste in den Städten, die im Laufe des Mittelalters zu immer größerer Blüte gelangten. Man denke zum Beispiel an die mächtige Hanse oder an die Stellung von Städten wie Regensburg, die »reichsunmittelbar« sind, also nicht mehr unter der Kontrolle eines Fürsten, Herzogs oder Grafen stehen. Die Städte werden zu Inseln der Autonomie, der Selbstverwaltung; ihnen werden Privilegien und Freiheiten gewährt. Oder wie es heißt: Stadtluft macht frei. Das ist übrigens noch nicht die moderne Freiheit des Einzelnen, sondern eine kollektive, die zur Stadt als solcher gehört. Wer die Chance sieht, ein Jahr und einen Tag in der Stadt zu verbringen, wird zum Bürger und hat damit Anteil an ihrer kollektiven Freiheit. Die Stadt hat, kurzum, ein besonderes Verhältnis zur Freiheit, die zur normativen Leitidee der Moderne wird.

Die Stadt ist der Ort des Handels und Gewerbes. Deshalb herrscht hier eine ganz andere Mentalität als in den alten Führungsständen von Adel und Klerus. Bei beiden ist die Blickrichtung von oben nach unten: beim Klerus vom Sakralen als dem Höheren zum Profanen als dem Niedrigeren, beim Adel von der gesellschaftlich höheren Kaste zum einfachen Volk der Untergebenen (die oft nicht als vollwertige Menschen angesehen wurden, wie die Aussage beweist: »Der Mensch fängt beim Baron an [die unterste Stufe des Adels]«). Beide Stände befassen sich also mit höheren Dingen (Dienst an Gott oder Regieren). Gewerbe und Handel hingegen beschäftigen sich mit den Dingen des täglichen Lebens. Der bürgerliche Geist ist daher viel mehr »down to earth« als der der beiden anderen Stände, sachlicher, weltlicher, prosaischer, kurz: profaner.[103]

---

[103] Der kanadische Philosoph Charles Taylor hat diese Entwicklung als »die Affirmation des gewöhnlichen Lebens« charakterisiert, *Sources of the Self. The Making of the Modern Identity*, CUP, Cambridge 1989, 211ff.

Die Dynamik der Stadt, ihre Betonung von Zeit, Geld und Arbeit, führt zu einer anderen Sicht auf den Menschen, auf die Wirklichkeit und sogar auf Gott oder das Göttliche, wie der Löwener Kunsthistoriker Raoul Bauer in seinem Buch mit dem ziemlich ungewöhnlichen Titel *Die Entführung Gottes*[104] sichtbar gemacht hat. Darin beschreibt er die Wende von der romanischen zur gotischen Architektur, wobei die Gotik Ausdruck der urbanen Mentalität ist. Der religiöse Blick ist nicht mehr wie im früheren Mittelalter auf die jenseitige und überzeitliche göttliche Wirklichkeit gerichtet, sondern auf die irdische Realität. Und so verlagert sich der Schwerpunkt vom transzendenten Gott auf den leidenden Christus als fleischgewordenes Abbild Gottes. Das Göttliche wird vermenschlicht, verleiblicht, erhält einen Platz in unserer zeitlichen Realität und drückt so das Lebensgefühl des Stadtbewohners aus. In dieser Denkungs- und Lebensart muss alles greifbar und fühlbar sein, auch das Göttliche. Es ist daher nicht verwunderlich, dass die gotische Kunst realistisch ist und die Dinge, wie zum Beispiel den menschlichen Körper, so abbildet, wie sie wirklich sind, im Gegensatz zur romanischen Kunst, die stark symbolisch ist: Dort geht es nicht um eine getreue Wiedergabe der Dinge, sondern um die Idee, die in ihnen zum Ausdruck kommt.

Säkularisierung und Entzauberung der Realität

Einige der oben genannten Begriffe wie Säkularisierung, Dynamisierung, Verzeitlichung, Verleiblichung und die Konzentration auf das Irdische sind Hinweise darauf, in welche Richtung sich die westliche Gesellschaft weiter entwickeln wird. Ein Beispiel für die Säkularisierung: nach und nach entziehen sich immer mehr Lebensbereiche der Dominanz der Religion. Ab dem 11. Jahrhundert werden in vielen Städten (!) Universitäten gegründet, die erste davon bereits 1088 in Bologna. Dabei handelt es sich um

[104] Davidsfonds, Leuven 2009.

Einrichtungen für die Pflege der Wissenschaft, die nicht mehr unter kirchlicher Aufsicht stehen wie die Klosterschulen des früheren Mittelalters, sondern von Stadträten oder politischen Führern ins Leben gerufen werden. Mit anderen Worten: Die Wissenschaft wird unabhängig und sucht eigenen Maßstäben gemäß nach der Wahrheit, einer Wahrheit, die noch gefunden werden muss und nicht wie in der früheren mittelalterlichen Theologie und Philosophie bereits feststeht und dann nur noch erklärt und kommentiert werden muss. Schon hier zeigt sich ein weiteres Merkmal der Moderne, nämlich dass sich Horizonte öffnen und eine Haltung entsteht, die Grenzen zu verschieben, unbekannte Bereiche (geografisch, künstlerisch usw.) zu erkunden, mit neuen Möglichkeiten zu experimentieren usw.[105] Ich werde darauf noch zurückkommen.

Auch die Künste befreien sich aus ihrer Bindung an die Religion. Ton Lemaire – ich habe bereits in Kapitel 1 auf ihn verwiesen – hat diese Entwicklung zur Verselbständigung der Landschaft in der Malerei in seiner schönen Monographie *Philosophie der Landschaft*[106] beschrieben. Das Auftauchen der Landschaft als etwas Eigenständiges kann dann als Kehrseite des Verschwindens der transzendenten Weltanschauung gesehen werden. In der vormodernen Malerei steht die Landschaft als solche nicht im Mittelpunkt: Sie dient als Hintergrund und Polsterung für religiöse Szenen, wie die Anbetung der Hirten. Auch in der Frührenaissance bleibt sie eine Zeit lang ein zusätzlicher Hintergrund, zum Beispiel für Porträts. Doch um 1450 wird die Landschaft zu einem eigenständigen Thema der Malerei, und zwar in Verbindung mit einer neuen, »diesseitigen« Naturauffassung. Diese Art der Malerei drückt einen neuen Umgang mit der Wirklichkeit aus, nämlich den der Erkundung und Eroberung der erfahrbaren Wirklichkeit (die Parallele zur neuen empirischen Wissenschaft ist unverkennbar). Dass es um eine neue Haltung gegenüber der Wirklichkeit, die

---

105 Siehe dazu zum Beispiel A. Koyré, *From the Closed World to the Infinite Universe*, Harper, New York 1958.

106 Ambo, Baarn 1966^{6}.

uns diese in den Griff bringen soll, zeigt sich in der Erfindung der Perspektive: Die Dinge sind dadurch auf uns ausgerichtet.[107]

In dieser desakralisierten Kunst spiegelt sich nach Lemaires (richtiger) Meinung der Prozess der »Entzauberung« (ein Begriff, den er auch explizit verwendet), den das Abendland ab dem Spätmittelalter durchlief – für »Entzauberung« könnte man auch Begriffe wie Versachlichung, Prosaisierung, Verlust des Symbolwertes oder der ideellen Dimension der Dinge verwenden. Auch damit trifft man ein Grundmerkmal der Moderne. Im vormodernen Denken spiegeln die Dinge (idealerweise) eine Ordnung der Wirklichkeit wider, wie sie von höheren Mächten (Gott, Götter, Ahnen, Kulturheroen) am Anfang der Welt festgelegt wurde und an die sich alles zu halten hat, wenn es nicht Katastrophen auf sich herabrufen will. Mit anderen Worten: In dieser Sichtweise besitzt alles eine angeborene ideelle Dimension, die gleichzeitig als Verhaltensnorm dient. Bzw.: Realität und Idealität sind hier untrennbar miteinander verbunden. Im Gegensatz dazu lässt sich die Moderne als eine Entkopplung von beiden charakterisieren. Die Dinge beziehen sich nicht länger auf eine einprogrammierte Norm, sie sind einfach das, was sie sind, reine Faktizität. Wenn sie überhaupt Regeln wie den Naturgesetzen gehorchen, sind auch diese rein faktische Regeln ohne normativen Gehalt. Dann können wir auch, um mit Francis Bacon zu sprechen, der Natur ihre Geheimnisse ablauschen, um sie zu verändern und sie in unseren Dienst zu stellen. Dieses Denken hat der technologischen (und auch wirtschaftlichen) Veränderungswut, die die Moderne kennzeichnet, den roten Teppich ausgelegt.

---

107 Über die Perspektive sagt der Kunsthistoriker Erwin Panofsky, es sei »die Darstellungsmethode, die mehr als jeder andere einzelne Faktor ein ›modernes‹ von einem mittelalterlichen Kunstwerk unterscheidet...«, *Early Netherlandish Painting*, Cambridge, Mass. 19964, vol. I, S. 3. Siehe auch Brigitte Scheer, *Einführung in die philosophische Ästhetik*, WGB, Darmstadt 1977, S. 30f, die die Einführung der Zentralperspektive als eine Anpassung des Objekts an das Auge des Betrachters bezeichnet. Diese Perspektive habe daher eine analoge Stellung wie die Kategorien bei Kant, mit denen die Objekte vom erkennenden Subjekt aus geordnet werden.

Beherrschungsdenken

Dies verweist auf ein weiteres Grundmotiv der Moderne, nämlich das Beherrschungsdenken. Max Weber hatte bereits scharf gesehen, dass darin die Pointe der Entzauberung (oder wie er es auch nannte: Intellektualisierung) der Welt liegt. Nachdem er deutlich gemacht hat, was diese Entzauberung oder Intellektualisierung *nicht* ist, nämlich kein zunehmendes Wissen über die Lebensbedingungen, unter denen die Menschen leben (zum Beispiel weiß in der modernen Gesellschaft kaum jemand genau, wie die Straßenbahn oder die Wirtschaft funktioniert, oder die Mikrowelle, der Computer, das Handy oder das iPad, möchte man hinzufügen), fährt er dann fort:

> »Sondern sie bedeutet etwas anderes: das Wissen davon oder den Glauben daran, dass man, wenn man nur *wollte*, es jederzeit erfahren *könnte*, dass es also prinzipiell keine geheimnisvollen unberechenbaren Mächte gebe, die da hineinspielen, dass man vielmehr alle [!] Dinge – im Prinzip – durch *Berechnen beherrschen* könne. (...) Das aber bedeutet: die Entzauberung der Welt.«[108]

Wenn die Moderne also in Begriffen des Berechnens und Beherrschens denkt, dann hängt das mit der Vorstellung einer machbaren, steuerbaren, veränderbaren und kontrollierbaren Realität zusammen. Dies wiederum äußert sich in einem anderen Wissensbegriff als dem der Vormoderne, ich greife diesen Gedanken aus Kapitel 1 wieder auf. Dort ist, wie bereits erwähnt, die Wirklichkeit sowohl nach ihrem Das als auch nach ihrem Was und Wie gegeben. Dem

---

108 Max Weber, »Wissenschaft als Beruf«, in: id., *Soziologie, Weltgeschichtliche Analysen, Politik*, Kröner, Stuttgart 1956, S. 317. Dass die Beherrschung der Welt letztlich das Ziel der theoretischen Wissenschaft ist, wurde unzählige Male zum Ausdruck gebracht. Zum Beispiel von Carl Menger, *Untersuchungen über die Methode der Sozialwissenschaften* (Leipzig 1833), p. 33: »Der Zweck der theoretischen Wissenschaft ist (...) die *Beherrschung* der realen Welt.« Zitiert nach Karl-Heinz Brodbeck, *Die fragwürdigen Grundlagen der Ökonomie. Eine philosophische Kritik der modernen Wirtschaftswissenschaften*, WBG, Darmstadt 1998, S. 17 Anmerkung.

entspricht ein kontemplativer Wissensbegriff, der versucht, die Wirklichkeit so zu erfassen, wie sie ist, und nicht darauf abzielt, sie zu ändern.[109] Das Denken folgt dem Sein, wie die mittelalterlichen Philosophen sagen, es will dieses Sein so getreu wie möglich in Begriffen abbilden. Wahrheit ist in dieser Perspektive die Übereinstimmung des Denkens mit der Wirklichkeit.

An der Schwelle zur Moderne entsteht eine neue Konzeption des Wissens, in der Wissen und Machen in eine innere Beziehung treten. Mehr noch: Die Machbarkeit wird zum Kriterium der Erkennbarkeit. Kant hat dies in seiner unvergleichlich prägnanten Art in Worte gefasst, ich zitiere ihn noch einmal: »Denn nur das, was wir selbst machen können, verstehen wir aus dem Grunde.« Mit anderen Worten: Was nicht machbar, herstellbar ist, ist auch nicht wirklich erkennbar. Die moderne Denkweise besteht denn auch darin, alles unter dem Gesichtspunkt der Machbarkeit zu betrachten und darauf zu vertrauen, dass alles, vielleicht noch nicht jetzt, aber im Prinzip zu gegebener Zeit, machbar und rekonstruierbar ist.

Wenn aber die Wirklichkeit (und sogar wir selbst) Produkt unseres Willens ist, dann können wir auch alles nach Belieben umgestalten. Hier haben wir einen weiteren Fall der »Umkehrung der Welt« vor uns, die die Wende von der Vormoderne zur Moderne kennzeichnet. Wie bereits erwähnt, gibt es in der Vormoderne eine vorgegebene Ordnung und damit ein inhärentes Maß für alle Dinge. Diese Ordnung und dieses Maß werden vom Intellekt (idealerweise) erkannt und setzen dem Willen feste Grenzen. Hier herrscht also der Vorrang des Intellekts vor dem Willen (»Intellektualismus«) vor. Im späteren Mittelalter, mit dem

---

109 Aristoteles unterscheidet zwischen *episteme*, *praxis* und *poiesis*, d.h. zwischen der Wissenschaft im engeren Sinne, die sich auf unveränderliche Dinge richtet (die daher kein Objekt menschlichen Handelns sein können), der Sphäre des Handelns, die ihren Zweck in sich selbst hat (z.B. Politik) und der Sphäre des Machens, des Produzierens (von Dingen, die ihre Ursache und ihren Zweck außerhalb ihrer selbst haben, wie z.B. das Handwerk). *Nikomachische Ethik*, Buch VI, 2.1ff, 1139a18ff.

Aufkommen des Voluntarismus, wird der Vorrang des Willens etabliert, dem der Intellekt untergeordnet wird. Von Hume beispielsweise auf die Formel gebracht, dass »die Vernunft der Sklave der Leidenschaften ist«. Aber man kann mit Sicherheit sagen, dass die gesamte Moderne, selbst dort, wo sie wie bei Kant und Hegel einen intellektualistischen Eindruck macht, von einem tiefgreifenden Voluntarismus geprägt ist. Der Wille stößt dann aber nicht mehr auf vorgegebene Grenzen. Schließlich ist nun alles eine Sache unserer Entscheidung – der bereits erwähnte Peter Berger hat deshalb den Unterschied zwischen Vormoderne und Moderne als den respektive von »Gegebenheit« und »Wahl« benannt[110]. Die Moderne zeichnet sich also durch eine grundsätzliche Entgrenzung und Maßlosigkeit aus. Grenzen, so habe ich bereits angedeutet, sind nur dazu da, überschritten zu werden, und ein inhärentes Maß der Dinge wird grundsätzlich verneint. Das Thema wurde bereits in Kapitel 2 ausführlich erörtert, ist aber für eine Charakterisierung der modernen Wirtschaft von eminentem Interesse, weshalb ich hier darauf zurückkomme.

In der Tat kann die Maßlosigkeit als ein grundlegendes Merkmal der Moderne betrachtet werden. Wir finden sie überall in der modernen Gesellschaft: in der Technik, in der Wissenschaft (auch dort!), im Sport (Rekorde!), in der expansiven Wirtschaft und so auch in der Ökonomie, wo Wachstum ein Schlüsselbegriff mit fast magischen Konnotationen ist. Eng verbunden mit dem Mainstream der Wirtschaftstheorie ist der Utilitarismus, eine der wichtigsten ethischen Theorien. Zentraler Maßstab für die Beurteilung der moralischen Qualität von Handlungen oder Handlungsweisen ist hier die Maximierung des Glücks in der Welt bzw. das größte Glück für die größte Masse. Von zwei oder mehreren möglichen Handlungsalternativen sollte aus moralischer Sicht diejenige gewählt werden, die das größte positive Ergebnis im Sinne des Wohlbefindens erzielt. Dazu müssen die Vorteile in Termini von Befriedigung und die Lasten in Termini von Unlust und Leiden

---

110 Peter Berger, *Pyramids of Sacrifice* (s. Anm. 9), S. 196: »Modernization is a shift from givenness to choice on the level of meaning.«

gegeneinander aufgerechnet werden. Es handelt sich also um eine kalkulatorische Theorie, die ein getreuer Ausdruck des kalkulatorischen, bürgerlichen Denkens ist.

Der Mensch als »unendlicher Begehrer«

In direktem Zusammenhang damit steht ein bestimmtes Menschenbild, das sich in der frühen Neuzeit durchsetzt. Nach vormoderner Auffassung ist der Mensch ein Wesen mit endlichen Bedürfnissen und Begierden. Und es gilt, diese durch Erziehung (»paideia«) in eine von Maß und Harmonie geprägte Form zu bringen, wie es das Ideal der Humanität (»humanitas«) und der Zivilisiertheit verlangt. So ist die Tugend bei Aristoteles die richtige Mitte zwischen den beiden Extremen des Zuviel und des Zuwenig, der Mut zum Beispiel zwischen Feigheit und Verwegenheit. Auch in dieser Hinsicht im Hinblick auf das Menschenbild fällt in der Neuzeit das Maß weg. Der moderne Mensch definiert sich als ein Wesen mit unendlichen Bedürfnissen und Wünschen[111], das unendliche Ressourcen benötigt, um diesen unendlichen Konsumtrieb zu befriedigen.[112] Dementsprechend hat der kanadische

---

111 Der kanadische Autor Michael Ignatieff vertritt meines Erachtens zu Recht die Auffassung, dass der Mensch, wenn er bei Sinnen ist, kein »unendlicher Begehrer« ist. Aber dass er in der Moderne begehrlich *gemacht worden ist, The Needs of Strangers,* Penguin, Random House 1984, S. 7, 62, 93. Siehe S. 141: »Modernität und Unersättlichkeit sind untrennbar.« Diese Unersättlichkeit kann also als etwas Pathologisches eingestuft werden.

112 Hume vertrat zum Beispiel die Ansicht, dass das, was den Menschen von anderen Tieren unterscheidet, in »den zahllosen Bedürfnissen und Notwendigkeiten, mit denen [die Natur] ihn beladen hat, und (…) den geringen Mitteln, die sie zur Linderung dieser Notwendigkeiten bereitstellt«, besteht, und dass in der Gesellschaft »sich seine Bedürfnisse jeden Augenblick vermehren«. Der Nutzen der Gesellschaft besteht darin, dass sie die Fähigkeiten des Menschen vervielfacht, um seine zahllosen und sich ständig vervielfachenden Bedürfnisse zu befriedigen. *Abhandlung über die menschliche Natur,* Buch III, Teil II, Abschnitt II, zitiert bei C.B. Macpherson, *Democratic Theory. Essays in Retrieval,* Clarendon Press, Oxford 1973, S. 17 Anmerkung.

politische Philosoph C.B. Macpherson, wie bereits erwähnt, den Menschen als »unendlichen Begehrer, unendlichen Verbraucher und unendlichen Aneigner« bezeichnet.[113] Das bedeutet, dass jedes Individuum, um seine Natur voll zu verwirklichen, »Eigentum an allem« erwerben muss. Dies kann jedoch nur in Hobbes' Krieg aller gegen alle enden, mit allen Ungleichheiten und allen Verlierern davon. Die Pointe von Macphersons Argumentation ist, dass es unter diesen Umständen keine echte Demokratie geben kann. Denn in dieser Situation großer Knappheit (weil nicht jeder alles besitzen kann) sind die Menschen gezwungen, die Verfügung über ihre eigenen Fähigkeiten und Talente anderen zu überlassen, so dass sie keine frei florierenden Individuen sein können, was der Idee einer echten Demokratie innewohnt.

Als Ausweg aus dieser Situation entscheidet sich Macpherson für eine Flucht nach vorn. Knappheit (ich werde auf dieses für die Moderne charakteristische Thema zurückkommen) ist der Marktgesellschaft inhärent: »Die westliche Demokratie ist durch und durch eine Marktgesellschaft«, es gibt kein Entrinnen aus ihr. Nach Macphersons Ansicht kann die Knappheit jedoch durch eine »endlose [da ist der Begriff wieder] Produktivitätssteigerung oder, was auf dasselbe hinausläuft, einen endlosen Kampf gegen die Knappheit« überwunden werden.[114] Die Möglichkeit dazu bietet die moderne Technologie: »Der wichtigste neue Faktor, der die Annahme einer unbegrenzten Begierde möglich macht, ist die in den Köpfen der Menschen präsente Aussicht, dass die Knappheit durch die jetzt so schnell fortschreitende technologische Eroberung [!] der Natur ein für alle Mal beendet werden kann«.[115] Damit erhalten wir »eine Gesellschaft, die frei von zwanghafter Arbeit ist und daher ein vollwertiges menschliches Leben für alle bietet« oder »eine Gesellschaft des Überflusses anstelle einer Wirtschaft des Mangels«.

---

113 Macpherson, *a.a.O.* (siehe vorherige Anmerkung), S. 5ff, 24ff et al.

114 *A.a.O.*, S. 17.

115 *A.a.O.*, S. 19; vgl. 25, 36, 237 et al.

Aber, und darum geht es mir selbstverständlich, Macpherson denkt weiterhin in Begriffen der Maximierung, der Grenzenlosigkeit und des Überflusses. So ist eines der Werturteile, von denen er ausgeht, »die Annahme der Rationalität und Natürlichkeit des unbegrenzten Begehrens.«[116] Es ist also nicht nur so, dass dieses unbegrenzte Begehren eine natürliche Tatsache des menschlichen Daseins ist, wie wir bei Hume lesen. Aber es ist auch rational und nicht unvernünftig und barbarisch, wie der Mainstream des vormodernen Denkens glaubt. Mit anderen Worten, die Grenzenlosigkeit und Maßlosigkeit des menschlichen Begehrens hat für Macpherson so etwas wie eine Selbstverständlichkeit, eine Ansicht, die er mit dem Mainstream des modernen Denkens teilt.

Knappheit als »natürliche« Gegebenheit der menschlichen Situation

Doch gerade diese moderne Annahme von der Unendlichkeit des menschlichen Begehrens hat den Begriff der Knappheit und des »endlosen Kampfes« gegen sie hervorgerufen. Und in ihrem Gefolge die Vorstellung, dass die natürliche Situation des menschlichen Lebens und Zusammenlebens ein Zustand des Konflikts und des Krieges ist – und nicht, wie im vormodernen Denken, ein Zustand der Freundschaft, der Harmonie und des Friedens. Macphersons Vorstellung, dass die moderne Spitzentechnologie das Mittel zur Verwirklichung einer Überflussgesellschaft sein würde – eine Idee, die bereits von Marx stammt und die er mit vielen teilte, insbesondere in den 1950er und 1960er Jahren – ist aus mehreren Gründen ein schwerwiegender Irrtum. Abgesehen von der Tatsache, dass sie ständig neue Wünsche weckt, wird die Technologie immer hinter der Erfüllung von Wünschen und Bedürfnissen ohne natürlichen Sättigungspunkt zurückbleiben. Vor allem aber wird dabei übersehen, dass die Fähigkeit, unendlich

116 *A.a.O.*, 18.

viele Wünsche zu befriedigen, in einem Raum endlicher natürlicher (und sozialer) Ressourcen und Möglichkeiten geschehen muss. Dass wir auf einem Planeten leben, der nicht für die Erfüllung unendlicher Begierden und Wünsche geeignet ist, wird durch das moderne Umweltproblem besonders deutlich.

Die moderne Selbstdefinition des Menschen als »unendlicher Begehrender« führt also zwangsläufig zur Vorstellung von Knappheit als einem Grundzug des Menschseins. Hans Achterhuis hat daher in seinem Buch *»Das Reich der Knappheit«* überzeugend dargelegt, dass das Phänomen der Knappheit der modernen Gesellschaft zugrunde liegt und erst mit ihrer Entstehung auch zum Thema des philosophischen und wissenschaftlichen Denkens wird. Gleichzeitig zitiert er eine Vielzahl von Philosophen und Wissenschaftlern, die der Ansicht sind, dass sich für das moderne Konzept der Knappheit keine Analogie in traditionellen Gesellschaften finden lässt.[117]

Eine instrumentalistische Denkweise

Ich möchte kurz auf Macphersons Idee zurückkommen, dass die Technologie die Antwort auf die durch Knappheit verursachte Selbstentfremdung des Menschen in der modernen Gesellschaft geben kann. Dies steht in unmittelbarem Zusammenhang mit einem anderen, bereits erwähnten grundlegenden Merkmal der Moderne, nämlich einer instrumentalistischen Denkweise. Technologie, auf wissenschaftlichen Erkenntnissen basierende Technik, bedeutet naturgemäß (wie übrigens auch Technik im Allgemeinen), dass wir den Dingen unsere menschliche Perspektive aufzwingen, das heißt, dass wir die Realität im Hinblick auf menschliche Ziele umgestalten. Das menschliche »Glück«, und auch darin ist Macpherson repräsentativ für die Moderne, hängt

117 Hans Achterhuis, Niederländischer Originaltitel *Het rijk van de schaarste. Van Thomas Hobbes tot Michel Foucault* [Das Reich der Knappheit. Von Thomas Hobbes bis Michel Foucault], Ambo, Baarn 1988, 47vv et al.

hier von äußeren Faktoren ab, kommt also von außen und nicht von innen. Hier wird also einem äußeren und schmalen Begriff des Wohlbefindens gehuldigt.

Der Utilitarismus liegt, wie sich herausstellte, ebenfalls auf dieser Linie. Die maximale Befriedigung von Wünschen durch die Aneignung und den Verbrauch von Ressourcen ist hier der Weg zur »Zufriedenheit« oder zum »Glück«. Und analog verhält es sich in der Ökonomie. Denn schließlich geht es da um die effizienteste Nutzung der knappen Ressourcen, ebenfalls im Hinblick auf das »Glück«. Oder anders ausgedrückt: In der Ökonomie werden die Dinge unter dem Aspekt ihres »Nutzens« für den Menschen betrachtet.

Der belgische Philosoph Etienne Vermeersch hat in seinem Buch *Die Augen des Pandas*[118] argumentiert, dass der Motor der modernen Gesellschaft der WTK-Komplex ist: der Komplex aus Wissenschaft, Technologie und Kapitalismus, die eine enge Allianz miteinander eingegangen sind. (Ich würde eher vom WTÖ-Komplex sprechen, wobei das Ö für Ökonomie als allgemeiner Oberbegriff steht: die moderne Wirtschaft ist ohnehin kapitalistisch, mit Staats- und Marktkapitalismus als Varianten.) In jeder der drei Komponenten herrscht eine instrumentalistische Denkweise vor, zumindest in der Technik und der Wirtschaft, wie oben erwähnt, aber auch in der Wissenschaft, wenn man darunter die so genannte nomothetische, auf das Auffinden allgemeiner Gesetze gerichtete Wissenschaft versteht, die der Technik strukturell äquivalent ist, d.h. von Natur aus in technologische Anwendungen übertragbar. Es geht dann also nicht so sehr um den Wahrheitswert wissenschaftlicher Erkenntnisse, sondern um ihre praktische Anwendbarkeit. Es liegt auf der Hand, dass Politik und Wirtschaft vor allem an dieser Art von Wissenschaft interessiert sind, was sich insbesondere in der Bereitschaft zeigt, wissenschaftliche Forschung zu finanzieren, in der Erwartung, dass sie in einigermaßen naher Zukunft zu Anwendungen führt. Demgegenüber ist das Interesse

---

118 E. Vermeersch, *De ogen van de panda. Een milieufilosofisch essay*, Van de Wiele, Brügge 1988.

an der Grundlagenforschung, deren Ergebnisse ungewiss sind, deutlich geringer. Und wenn sie doch zu Durchbrüchen führt, werden die Anwendungsmöglichkeiten meistens erst auf längere Sicht deutlich. Und dann haben wir noch nicht einmal die Geisteswissenschaften erwähnt, die sich naturgemäß nicht oder kaum in technologische Anwendungen umsetzen lassen.

Bei den genannten Komponenten des WTÖ-Komplexes – Technik, Ökonomie und angewandte- bzw. anwendungsorientierte Wissenschaft – lautet die These immer, dass es dabei letztlich um das menschliche Wohlbefinden geht. Wenn es aber stimmt, dass der WTÖ-Komplex für die moderne Gesellschaft bestimmend ist, dann bedeutet dies, wie in Kapitel 3 erläutert, dass das Streben nach einem »guten Leben« damit voll auf den Bereich der Ressourcen fällt. Und eine geheime Voraussetzung unserer modernen Kultur ist, dass jeder Fortschritt im Bereich der Mittel mehr oder weniger automatisch unser Wohlbefinden bereichern wird. Deshalb wird das Arsenal der Mittel fieberhaft erweitert, werden ständig neue Dimensionen der Wirklichkeit in Angriff genommen (Atom-, Gen-, Informationstechnologie, etc.), wird das Nützlichkeitsregime immer radikaler durchgesetzt, ohne kritisch zu fragen, ob dies erstens tatsächlich der beabsichtigten Förderung des Wohlbefindens dient und zweitens, ob die Natur, die ja die Ressourcen für die Umgestaltung und Verwertung der Wirklichkeit bereitstellen muss, den immer umfangreicheren, auf immer tieferen Schichten der Wirklichkeit ansetzenden und einen immer höheren Ressourcenverbrauch nach sich ziehenden menschlichen Eingriffen gewachsen ist (quod non). Die Schlussfolgerung kann also nur lauten, dass eine Kultur, die an einem Selbstverständnis des Menschen, einer instrumentalistischen Denkweise und einem äußerlichen Wohlbefindensbegriff wie skizziert festhält, einen Lebensstil praktiziert, der von Natur aus und nicht zufällig unnachhaltig und somit auf Dauer untragfähig ist. Das Umweltproblem modernen Stils ist, wie bereits gesagt, kein Betriebsunfall der modernen Gesellschaft, sondern in ihr vorprogrammiert. Diese Gesellschaft kann daher nicht dadurch nachhaltig und haltbar gemacht werden, indem unerwünschte Nebeneffekte innerhalb des bestehenden Rahmens angepasst und aufgefangen werden. Eine nachhaltige Gesellschaft wird daher eine *andere Art von* Gesellschaft mit einer grundlegend anderen Denk- und Lebensweise sein müssen. Hier liegt also eine unbezahlte und unbezahlbare Rechnung der Moderne, wie bereits beschrieben. Zwei andere unbezahlte und unbezahlbare Rechnungen dieser Moderne habe ich dann noch nicht erwähnt, nämlich das Gemeinschafts- und das spirituelle Problem, bzw. das Problem der Abkühlung und Verhärtung der zwischenmenschlichen Beziehungen in der modernen Gesellschaft, und die spirituelle Armut und Verfinsterung der Sinndimension im modernen Dasein.

Die moderne Auffassung von Individualität

Was ich in diesen Überlegungen zu tun versuche, ist, wie gesagt, die Grundstruktur oder Tiefengrammatik der Moderne zu umreißen. Dies, um die Ökonomie (als soziales System und als Wissenschaft) darin zu verorten, um einen Einblick zu gewinnen, was das für eine Kultur ist, in der diese Phänomene zur Entfaltung gelangten. Zu dem bisher skizzierten Tableau möchte ich noch ein weiteres Element hinzufügen, und zwar die moderne Individualitätsauffassung. Schließlich ist es fast schon ein Klischee, dass die moderne Kultur einen individualistischen Stempel trägt.

Lange Zeit hat man die Menschen nicht als einzigartige Individuen mit eigener Meinung, eigenem Gefühlsleben und eigenem Willen gesehen, vor allem nicht in den so genannten archaischen Gemeinschaften, aber auch danach nicht in vielen Kulturen der Welt und bis heute nicht einmal in bestimmten Kreisen unserer modernen Gesellschaft. Dort haben die Menschen in erster Linie eine Identität, die durch das Kollektiv, das Volk, den Stamm, die Sippe oder die Familie, den Rang oder die Zunft usw. bestimmt wird. Kennzeichnend für diese Situation ist zum Beispiel, dass die Moral nur eine gruppeninterne Moral ist: Die moralischen Regeln (nicht töten, lügen, stehlen usw.) gelten nur für die Gruppenmitglieder untereinander und nicht für Außenstehende und Fremde, die man getrost töten, betrügen, berauben usw. darf. Da man außerhalb der eigenen Gruppe und des eigenen Territoriums faktisch vogelfrei war, war unter solchen Umständen das Gastrecht von großer Bedeutung, d.h. die Gewährleistung der Sicherheit durch einen Bewohner des fremden Landes, in dem man sich aufhielt. Hier gibt es also eine starke Form des Wir-Sie-Denkens.

Die Geschichte der Entstehung des Gedankens, dass Menschen einzigartige, eigenständige Individuen sind, ist lang und komplex. Auch hier spielen gesellschaftliche Entwicklungen eine Rolle, zum Beispiel erste Formen der Urbanisierung, wenn die sozialen Bindungen lockerer werden, wie in späteren Teilen des Alten Testaments. Dann machen Propheten wie Jeremia und Hesekiel Aussagen wie: Es gibt ein Sprichwort, das unter euch kursiert: »Die Väter essen saure Trauben und den Söhnen werden die Zähne stumpf.«[119] Mit anderen Worten: Die Eltern haben versagt, aber die Kinder zahlen für die schlimmen Folgen. Dieses Sprichwort, so die beiden Propheten, dürft ihr nie wieder in den Mund nehmen. Ihr werdet nicht den Sohn für die Missetaten des Vaters verantwortlich machen und umgekehrt. Jeder trägt die Verantwortung für die eigenen Taten und muss für deren Folgen einstehen. Hier beginnen sich erste Konturen einer unabhängigen Individualität abzuzeichnen. Und etwas Ähnliches ist in der griechischen Antike bei Sokrates und den Philosophen im Allgemeinen der Fall.

Auch das Christentum trägt zu diesem Prozess bei, zum Beispiel durch seine Betonung der Innerlichkeit. Augustinus sagt zum Beispiel, dass der Mensch, weil er nach dem Bilde Gottes geschaffen ist, eine innere Sphäre besitzt, die in der empirischen Existenz, wie in der Staatsbürgerschaft einer Nation, nicht aufgeht. Eine Sphäre also, die der weltlichen Macht entzogen ist und in der jeder Mensch ein Selbst in seiner Beziehung zum überweltlichen Gott sein kann.

Einen neuen Impuls erhält diese Entwicklung durch den Nominalismus des späteren Mittelalters, die Auffassung, dass

[119] Hesekiel 18, 1ff, 20; Jeremia 31, 29f.

es nur einzelne Dinge gibt und Allgemeinbegriffe lediglich Konstruktionen unseres Geistes sind. Dies steht im Gegensatz zum Begriffsrealismus des früheren Mittelalters, der (aufbauend auf den Philosophien von Platon und Aristoteles) davon ausgeht, dass alle Dinge eine allgemeine Natur in sich tragen, der unsere Begriffe entsprechen.

Im Übergang vom Spätmittelalter zur Frühen Neuzeit, unter den Bedingungen einer für die städtische Lebensweise charakteristischen Flexibilisierung und Dynamisierung der Existenz, kulminieren diese und andere Motive in einem neuen Individualitätskonzept. Dieser nimmt in der sozialen und politischen Philosophie der frühen Neuzeit eine zentrale Stellung ein. Die »natürliche« Situation des Menschen ist hier ein Zustand von separaten Individuen, die von Hause aus keine Beziehungen zueinander haben. In diesem »Naturzustand«, wie er von verschiedenen Philosophen genannt wird, gibt es also keine Gesellschaft: Alle leben auf eigene Rechnung unabhängig voneinander. Aufgrund seines chaotischen Charakters und des allgemeinen kompetitiven Klimas kann dieser Zustand nichts anderes als ein Konfliktzustand sein, wie er, wie bereits erwähnt, zuerst von Hobbes festgestellt und dann von vielen wie Spinoza und Kant nachgefolgt wurde. Der Mensch ist hier also von Natur aus kein soziales Wesen und die Gesellschaft keine natürliche Tatsache, sondern ein aus der Notwendigkeit geborenes Artefakt, um den »Krieg aller gegen alle« abzuwehren. Die Gesellschaft muss also *gemacht*, gegründet werden (wieder dieses Thema), um den sozialen Frieden durch den Gesellschaftsvertrag herbeizuführen. Bei Kant heißt es: »Der Friedenszustand unter Menschen, die nebeneinander leben, ist kein Naturzustand (status naturalis), der vielmehr ein Zustand des Krieges ist, d.i. wenngleich nicht immer ein Ausbruch der Feindseligkeiten, doch immerwährende Bedrohung mit denselben. Er [d.h. der Zustand des Friedens] muss also *gestiftet* werden...«[120]

---

120 I. Kant, »Zum ewigen Frieden«, in: *Kants Gesammelte Schriften*, Akad.-Ausgabe, Bd. VIII, Berlin 1923, S. 348f.

All dies spiegelt die in der allgemeinen Philosophie der damaligen Zeit vorherrschenden Ansichten wider. In der Tat ist der zentrale Begriff dieser Philosophie der der Substanz. Sie wird definiert als eine Entität, die in sich selbst existiert und ruht (und damit keine Grundlage in etwas Anderem und Fundamentalerem für ihre Existenz braucht) und die auch nur aus sich selbst heraus verstanden werden kann (und damit keinen Bezug zu etwas Anderem braucht). Die Welt, und damit auch die soziale Wirklichkeit, wird als aus Substanzen bestehend betrachtet, d. h. aus getrennten Einheiten, die in sich selbst vollständig sind. Erst dann kommen die Beziehungen zwischen diesen Substanzen ins Spiel, die also nicht ihre Identität bestimmen, sondern nur äußerlicher Natur sind. Manche Philosophen wie Leibnitz leugnen sogar die Existenz von Beziehungen überhaupt. Es gibt nur getrennte Dinge, von ihm deshalb Monaden, »Einheiten« genannt. Sie erwecken nur den illusorischen Eindruck, miteinander verbunden zu sein und in Wechselwirkung zu stehen, weil sie von Gott im Voraus auf Harmonie miteinander abgestimmt wurden.

Diese allgemeine philosophische Vorstellung drückt sich dann in einem Bild der Natur als Aggregat elementarer Bausteine (»materieller Punkte«) aus, die in immer neuer Zusammensetzung zu höheren Einheiten zusammengesetzt werden und auch wieder auseinandergenommen werden können – eine Art Baukasten- oder Lego-Denken also. Und ein analoges Bild zeigt die gesellschaftliche Realität, die ebenfalls ein Aggregat von Individuen als letzte Bestandteile ist. Folglich ist die Gesellschaft eine völlig sekundäre Realität, nicht etwas, das aus sich selbst heraus existiert – wenn sie nicht sogar als Scheinrealität betrachtet wird. Um es mit den Worten von Margaret Thatcher zu sagen: Die Gesellschaft existiert nicht. Und dass auch auf dieser gesellschaftlichen Ebene die Beziehungen nur eine sekundäre Seinsweise besitzen, zeigt sich daran, dass die zwischenmenschlichen Beziehungen nach dem Modell des Vertrags gedacht werden. Mit den Worten von

David Gauthier: »Die Vorstellung von sozialen Beziehungen als vertragsmäßig liegt im Kern unserer [westlichen] Ideologie.«[121]

Äußerliche zwischenmenschliche Beziehungen

Vertragsbeziehungen sind jedoch äußere Beziehungen, die nicht die Identität der Vertragsparteien bestimmen. Das sollten innere Beziehungen sein, d.h. Beziehungen, die die Identität der Beteiligten mitbestimmen. Solche inneren Beziehungen werden aber gerade in der Ideologie des Vertrages geleugnet. Schließlich hat diese Sichtweise der sozialen Wirklichkeit als ein Netz von Vertragsbeziehungen Konsequenzen für die Konzeption von Institutionen, Einrichtungen und sozialen Beziehungen im Allgemeinen, die alle als Nützlichkeits- oder Zweckverbindungen betrachtet werden. Sie werden also alle geschaffen, um bestimmte Ziele zu erreichen, aber keine von ihnen existiert um ihrer selbst willen, wegen eines inhärenten, von ihnen repräsentierten Wertes.

Auch hier steht die Moderne der Vormoderne gegenüber. Dort wird der Mensch als inhärent soziales Wesen betrachtet, als »zoon politikon«, um mit Aristoteles zu sprechen, d.h. als Wesen, das seiner Natur gemäß in einer Polis, einem sozialen und politischen Kontext, lebt. Zwischenmenschliche Beziehungen werden dort nicht nur als äußere Vertragsbeziehungen gesehen, die zu einem bestimmten Zweck eingegangen werden, sondern als Freundschaftsbeziehungen, die um ihrer selbst willen wertvoll sind. Nach Aristoteles hat der Mensch von Natur aus einen Hang zur Freundschaft, und Thomas von Aquin sagt, dass der Mensch von Natur aus ein Freund und Verwandter des Anderen ist.[122] Die

---

121 D. Gauthier, »The Social Contract as Ideology«, in: *Philosophy and Public Affairs*, 6/2 (1979), S. 130.

122 Für Aristoteles, siehe *Nikomachische Ethik* VIII, 1, 1155a 17ff. Für Thomas siehe *Summa contra Gentiles* III, 17.5: »Naturaliter homo homini amicus et familiaris« (Von Natur aus ist der Mensch ein Freund und Verwandter des anderen Menschen); *id.* IV,14,5; *Summa Theol.* II/II,114,1 ad 2 u.a. Nach Thomas besteht der Zweck des

Freundschaft wird nicht zufällig als das höchste der natürlichen Güter bezeichnet, alle Gesetze zielen daher auf die Herstellung dieser natürlichen zwischenmenschlichen Beziehungen ab. Vor diesem Hintergrund ist es auch nicht verwunderlich, dass, ausgehend von Aristoteles' Traktat über die Freundschaft, ein Strom von Betrachtungen zu diesem Thema geschrieben wurde, der dann symptomatischer Weise in der Neuzeit allmählich abebbt und schließlich praktisch versiegt.

Denn während, wie oben erwähnt, nach vormoderner Auffassung alle Menschen organisch in einem Zusammenleben vereint und aufeinander abgestimmt sind und, um noch einmal Thomas zu zitieren, von Natur aus »Freunde und Verwandte« sind, sind die Menschen nach moderner Auffassung im Gegenteil von Natur aus einander fremd. Stärker: der »Naturzustand« ist ein Zustand des (zumindest latenten) Konflikts, des Kampfes und der Feindschaft. Man erinnere sich an Hobbes' Diktum, dass der Naturzustand des Menschen der »Krieg aller gegen alle« ist, man denke auch an Spinozas Aussage, dass die Menschen »von Natur aus einanders Feinde sind« (im unaufgeklärten Zustand der Leidenschaften), an Nietzsches Ansicht, dass Frieden unnatürlich ist, das Leben Krieg bedeutet und die Gesellschaft ein Mittel zu diesem Zweck ist, und an Sartres Aussage »die Hölle, das sind die Anderen«[123]. Die Vorstellung, dass der Mensch von Natur aus ein einsames, »asoziales« Wesen ist, das keine natürlichen Beziehungen zu anderen hat, wirkt immer noch fort. So geht John Rawls in seiner *Theorie der Gerechtigkeit* von einer »ursprünglichen Position« aus, in der die

---

Gesetzes darin, gegenseitige Freundschaft zwischen den Menschen herzustellen: »Omnis lex tendit, ut amicitiam constituat (...) hominum ad invicem« (Jedes Gesetz zielt darauf ab, gegenseitige Freundschaft zwischen Menschen zu wirken), *Summa Theol.* I,II,99,1 ad 2.

[123] Thomas Hobbes, *De Cive* 1,3;4;12; *Leviathan* 1,13 (»Krieg eines jeden Menschen gegen jeden Menschen«); 23, 24 u.a. Spinoza, *Tractatus Politicus* I,5; II,14; VIII,12 (»wie gesagt, die Menschen sind einander von Natur aus feindlich gesinnt«). Nietzsche, *Werke* (hrsg. von Karl Schlechta), Hanser, München 1966, Bd. III, 786, 284; II, 967 u.a. Sartre, »Bei verschlossenen Türen«, in: Id., *Die Fliegen*, Amsterdam 1966, S. 120.

Grundsätze der Gerechtigkeit gewählt [!] werden, einer Situation, in der die Parteien »gegenseitig desinteressiert« sind, »kein Interesse an den Interessen des Anderen haben«[124]. Übertragen auf die Ebene der internationalen Beziehungen bedeutet dies, dass die Staaten auch ganz isoliert dastehen und sich bestenfalls fremd sind, oder schlimmer noch, »von Natur aus einanders Feinde sind«, um noch einmal auf Spinoza zurückzukommen.[125]

Anwendung auf die Wirtschaft

Das Ziel dieser Überlegungen ist es, wie eingangs erwähnt, den Kontext zu verstehen, in dem sich die Wirtschaftswissenschaft entwickelt hat. Dies, um von dort aus zu einem besseren Verständnis ihrer Annahmen und Ausgangspunkte und damit ihrer Selbstverständlichkeiten, Fixierungen und blinden Flecken zu kommen. Und das wiederum, um Eingänge für eine Revision oder »Neuausrichtung« der aktuellen Theorie zu suchen, jetzt, da sie in der Krise ist. Lassen Sie mich die eingangs gestellte Frage wiederholen: Was ist das für eine Gesellschaft und Kultur, in der sich diese Wirtschaft als System und als Wissenschaft entwickeln konnte? Mit anderen Worten: Von welcher kulturellen und sozialen Konstellation ist sie der Ausdruck?

Betrachtet man das skizzierte Panorama der Moderne, kommt man nicht um den Gedanken herum, dass die Wirtschaftswissenschaft ein geradliniger Spross dieses Stammes ist. Schließlich ist der zentrale Begriff dieser Wissenschaft zunächst einmal der der Knappheit. In Heertjes Worten: »Das Ziel der Wirtschaftswissenschaft ist es, Phänomene aus einem bestimmten Blickwinkel zu erklären. Für die Wirtschaftswissenschaften ist dieser

124 John Rawls, *A Theory of Justice*, Harvard University Press, Cambridge, Mass. 1971, 13, 127 et al.

125 Spinoza, *a.a.O.*, III,13 (»zwei Staaten sind von Natur aus Feinde«); VII,24. Ähnlich Hobbes, *Leviathan* I,13 (das bekannte sinistere Bild von Königen in der Haltung von Gladiatoren zueinander) u.a.

Ausgangspunkt die Knappheit.«[126] Die Kernfrage der Wirtschaftswissenschaften ist also die optimale Verteilung von Knappheit. Paradoxerweise ist es, wie gesagt, gerade die moderne »Überflussgesellschaft«, die das Bewusstsein für die endemische Natur der Knappheit geschärft hat, wohin man auch schaut. In diesem Sinne sagt Jan Pen, dass »es in der Wirtschaft nicht nur um die Knappheit von Gütern geht«, sondern dass alles knapp geworden ist: Wohlergehen, Gesundheit, sauberes Wasser, saubere Luft, ja sogar Zeit.[127] Knappheit wird hier als eine grundlegende und unausweichliche *Tatsache des Lebens* gesehen, hinter der man nicht zurückzufragen braucht. Dahinter steht dann implizit, meist unausgesprochen, die Vorstellung, dass der Mensch ein Wesen mit unbegrenzten Bedürfnissen, Begierden und Wünschen ist.

Ein weiteres Merkmal der Moderne insgesamt, nämlich dass sie durch ständigen Wandel, Grenzüberschreitung und Innovation gekennzeichnet ist, gilt nicht zuletzt auch für das wirtschaftliche Denken und Handeln. Dort erleben wir eine ständige Erneuerung von Produkten und Produktionsmethoden: ausgefeiltere, »intelligentere« Geräte, neue Technologien wie künstliche Intelligenz, die die Art der Arbeit, die Arbeitsbeziehungen und die Lebensbedingungen der Gesellschaft überhaupt revolutionieren. Das wirtschaftliche Denken und Handeln ist darüber hinaus durch das ständige Streben nach einer Steigerung der Effizienz der Produktionsmethoden, einer Erhöhung des Umsatzes der Unternehmen und einer Ausweitung der Absatzgebiete gekennzeichnet, kurz gesagt, durch Wachstum. Wachstum ist ein Begriff mit einem fast magischen Klang in der Wirtschaft; es war und ist der Maßstab für ein gesundes und lebenskräftiges Wirtschaftssystem. Ökonomen glaubten sogar, dass ein fester Weg mit einer Reihe von Stufen hin zu einer »entwickelten« Wirtschaft angegeben werden kann, wie aus dem Titel von Walt Rostows Buch *The Stages of Econo-*

---

126 A. Heertje, *De kern van de economie (Der Kern der Wirtschaft)*, Teil I, Stenfert Kroese, Leiden/Amsterdam 1979, S. 3, zitiert nach Hans Achterhuis, *a.a.O.*, S. 12.

127 Jan Pen, Artikel in *Het Parool*, 19.9.1985, zitiert bei Achterhuis, *a.a.O.*, S. 14.

mic Growth[128] hervorgeht. Damit man wirklich von Entwicklung reden kann, muss sie »selbsterhaltend« oder »selbsttragend« sein. Mit anderen Worten, sie musste sich in einem kontinuierlichen Wachstumsprozess selbst in Gang halten, scheinbar ohne Limit. Die Bäume würden in den Himmel ragen, die Marschroute wäre in Richtung der Überflussgesellschaft – vor allem die 1950er und 1960er Jahre waren von diesem Gedanken erfüllt, der eingangs zitierte Macpherson war mit vielen Anderen ein Vertreter dieses Denkens. Inzwischen hat sich die Euphorie deutlich abgekühlt, unter anderem wegen der Umweltprobleme, die das Bewusstsein für die »Grenzen des Wachstums« schärften.[129] Aber auch aufgrund einer Reihe von sozialen Problemen, die mit den tiefgreifenden Veränderungen im wirtschaftlichen und technologischen Bereich einhergingen und die Gesellschaft in eine »Risikogesellschaft« verwandelten. Dennoch dominiert das Wachstumsdenken weiterhin die Wirtschaftswissenschaften, sowohl in der Theorie als auch in der Praxis.

Der Primat der Wirtschaft in der modernen Gesellschaft

Um kurz auf Walt Rostow zurückzukommen, so glaubte er, dass eine rationale Planung der Ressourcen und ein angemessenes Investitionsniveau des Kapitals unterentwickelte Gesellschaften auf den Weg eines »sich selbst erhaltenden Wachstums« bringen würden und dass dann »in ein oder zwei Jahrzehnten sowohl die Grundstruktur der Wirtschaft als auch die soziale und politische Struktur der Gesellschaft so umgewandelt werden, dass eine stetige Wachstumsrate (...) regelmäßig aufrechterhalten werden kann«.[130] Das Entwicklungsproblem sei also eine Frage der Ökonomie und der Technologie, der Rest der Gesellschaft werde sich, sogar innerhalb weniger Jahrzehnte [!], an die veränderte ökonomische

128 New York 1960.
129 Dennis Meadows et al, *The Limits of Growth: a Global Challenge*, Rom 1972.
130 *A.a.O.*, S. 8f.

und technologische Situation anpassen, er sitze also, Rostows Auffassung zufolge, im Anhänger. Die »Entwicklung unterentwickelter Gesellschaften« erwies sich jedoch als eine wesentlich kompliziertere Angelegenheit als von Rostow (und vielen Anderen) angenommen. Es handelt sich wahrscheinlich eher um eine allgemeine soziale und kulturelle als um eine wirtschaftliche und technologische Angelegenheit. Tatsächlich aber dominiert das, was sich bei Rostow herauskristallisierte, noch immer ungeniert das Denken großer Teile unserer Gesellschaft, nämlich die Vorstellung vom Primat der Wirtschaft (in Verbindung mit Wissenschaft und Technik) in der modernen Gesellschaft.

Dies besagt zweierlei: 1) dass diese Gesellschaft im Gegensatz zur vormodernen Gesellschaft nicht mehr von der Religion dominiert wird, sondern eine säkulare Gemeinschaft mit einem stark verschobenen Schwerpunkt ist; und 2) dass dieser Schwerpunkt nun bei der Wirtschaft (im Zusammenspiel mit Wissenschaft und Technik) liegt (manche bezeichnen die Wirtschaft sogar als die moderne Religion[131]). Die Wirtschaft wird dann, wie oben erwähnt, als ein unabhängiger Bereich der Gesellschaft gesehen, der nur nach seinen eigenen ökonomischen Gesetzen funktioniert und durch seine eigenen ökonomischen Voraussetzungen bestimmt wird. Innerhalb der Wirtschaft haben in dieser Sichtweise Ideen und Motive aus anderen, nicht-ökonomischen Bereichen wie Religion, Moral, Kunst usw. kein Gewicht mehr (man denke z.B. an ein religiös inspiriertes Zinsverbot oder moralische Überlegungen zu Integrität, Gerechtigkeit, Solidarität usw.). Wenn es im wirtschaftlichen Bereich Integrität, Gerechtigkeit, Solidarität oder was auch immer gibt, dann nur aus wirtschaftlichen Gründen. Wenn aber die Wirtschaft ausschließlich nach ökonomischen Gesetzen funktioniert und nur durch ökonomische Faktoren bestimmt wird, dann lassen sich ökonomische Prozesse auch mit ökonomischen

---

131 Siehe z. B. Robert H. Nelson, *Economics as Religion: From Samuelson to Chicago and Beyond*. University Park: Pennsylvania University Press, 2001. Vgl. analog dazu J. Habermas, *Technik und Wissenschaft als ›Ideologie‹*, Suhrkamp, Frankfurt am Main 1968.

Begriffen und mit Hilfe von ökonomischen Modellen hinreichend beschreiben und erklären. Wenn dann auch noch die exakten Wissenschaften, die Phänomene mit mathematischen Methoden beschreiben und erklären, als die *Crème de la Crème* aller Wissenschaften gelten und damit zu Vorbildern einer wissenschaftlichen Herangehensweise an ökonomische Fragestellungen werden, führt dies dazu, dass die Ökonometrie als Perle der Wirtschaftswissenschaften gilt.

Diese Auffassung von der Wirtschaft als einem Sektor des sozialen Systems mit einem hohen Maß an Autonomie wird vielleicht am weitgehendsten durch systemtheoretische Entwürfe wie den von Niklas Luhmann untermauert.[132] Er beschreibt den Modernisierungsprozess als eine Entwicklung von einer stratifikatorisch aufgebauten zu einer funktional differenzierten Gesellschaft. »Gesellschaft« ist in dieser Sichtweise nur ein Sammelname für selbstreferentielle Funktionssysteme, die jeweils eine operationale Autonomie besitzen, weil sie unter ihrer eigenen binären Codierung operieren (die Wissenschaft von der Unterscheidung von wahr und falsch, das Rechtssystem von gerecht und ungerecht, usw.). Sie nehmen sich gegenseitig nur aus ihrem eigenen Bezugsrahmen heraus wahr, beeinflussen sich gegenseitig nur in einem abgeleiteten Sinne und reagieren hauptsächlich auf interne Störungen und nicht direkt auf die Systemumwelt. Für Luhmann sind auf diese Weise alle Teilsysteme quasi-autonom. Aber diese Sichtweise ist jedenfalls weitgehend repräsentativ für den Mainstream der Wirtschaftswissenschaften. Was beispielsweise das Verhältnis von Ökonomie und Moral betrifft, so impliziert seine Position, dass es nur sehr äußerlicher und selektiver Natur sein kann: Schließlich müssen Impulse aus dem moralischen Teilsystem in den systemspezifischen Code der Ökonomie übersetzt werden, um dort »Resonanz« zu finden.

132 Siehe z.B. sein *Paradigm lost. Über die ethische Reflexion der Moral*. Frankfurt am Main 1990.

Die Ökonomie als wertfreie Wissenschaft

Dies steht in unmittelbarem Zusammenhang mit einem weiteren Merkmal der modernen Ökonomie, das wiederum einem Merkmal der Moderne im Allgemeinen entspricht, nämlich der Entkopplung von Realität und Idealität, und zwar dem Selbstverständnis der Ökonomie als einer wertfreien Wissenschaft. Das heißt, wirtschaftliche Prozesse sind rein faktische Angelegenheiten, die daher in einem rein positivistischen[133] Sinne beschrieben und erklärt werden können, ohne außerökonomische Faktoren (vor allem politischer und moralischer Natur) einzubeziehen.[134]

Diese Unabhängigkeit von Politik und Moral bzw. Ethik hat die Wirtschaftswissenschaften nicht von Anfang an gekennzeichnet. So sind beispielsweise bei Adam Smith (1723–1790), der als Begründer der Ökonomie als Wissenschaft gilt, Ökonomie und Ethik noch eng miteinander verbunden. Und sowohl John Stuart Mill (1806–1873) als auch Karl Marx (1818–1883), ebenfalls zwei klassische Autoren auf dem Gebiet der Ökonomie, beschäftigten sich in ihren Schriften mit der politischen Ökonomie, die, wie der Begriff schon sagt, die Ökonomie im politischen Kontext betrachtet. Bei diesen Autoren war die Ökonomie also keine Disziplin, die ihr Wissen unabhängig von politischen und ethischen Perspektiven erlangte. Hier gibt es somit noch eine interne Beziehung der Wirtschaftswissenschaften zu Politik und Ethik.

Der Grund für diesen mehr als zufälligen und äußerlichen Zusammenhang ist, dass die Ökonomie ein Feld von Prozessen ist, die ihrer Natur nach normativ konstituiert sind. Vielleicht lassen sich natürliche Prozesse normativ neutral definieren – in den Naturwissenschaften geschieht dies, obwohl schon die Lebensprozesse Anlass zu berechtigten Zweifeln geben. Wie dem auch

---

[133] Um nur einen Hinweis zu geben: Milton Friedman argumentiert in seinen *Essays in Positive Economics* (Chicago/London, University of Chicago Press 1970), dass die Wirtschaftswissenschaft eine positivistische Wissenschaft sein sollte.

[134] Wenn überhaupt eine Form von Normativität in der Ökonomie eine Rolle spielt, dann betrifft sie innerökonomische Werte wie Effizienz.

sei, der Gegenstand der Sozialwissenschaften, und damit auch der Wirtschaftswissenschaften, ist durch eine normative Dimension gekennzeichnet und kann ohne Berücksichtigung dieser Dimension nicht angemessen charakterisiert werden. Schließlich geht es in allen Sozialwissenschaften um Formen des menschlichen Handelns. Handeln wiederum ist im Gegensatz zum Geschehen durch Intentionalität, Zielgerichtetheit und damit notwendigerweise durch Wertorientierung gekennzeichnet. Dies gilt für das individuelle Handeln, aber nicht minder für das gemeinschaftliche Handeln und dessen Kanalisierung und Regulierung in Institutionen und Praktiken. Wir sehen also, dass mehr oder weniger ausdifferenzierte Bereiche des gesellschaftlichen Lebens, wie Staat, Recht, Wissenschaft, Gesundheitswesen, Kunst usw., jeweils im Zeichen einer organisierenden Idee mit deutlich normativer Signatur stehen – in den genannten Fällen sind dies Gemeinwohl, Gerechtigkeit, Wahrheit, Gesundheit und Schönheit. Mit der Wirtschaft verhält es sich also nicht anders. Wenn sie sich mit der optimalen Nutzung der Ressourcen zur Befriedigung der menschlichen Bedürfnisse befasst, dann geschieht dies, ob ausgedrückt oder nicht, unter dem Blickwinkel eines »guten« menschlichen Lebens oder der Förderung des menschlichen Wohlbefindens.

Diese Ausrichtung der Wirtschaftswissenschaft auf die Idee des menschlichen Wohlbefindens oder »Glücks« hat sich über eine sehr lange Zeit erhalten, von Aristoteles bis Adam Smith und später, man kann in diesem Zusammenhang Wissenschaftler wie Tawney, Keynes, Galbraith[135] und Sedláček erwähnen. Bei Aristoteles ist die Ökonomie Teil der Ethik im weiteren Sinne, d. h. der normativen Reflexion über die menschliche Existenz in ihren verschiedenen Facetten (Politik, Recht, Familie, Freundschaft usw.). Und in der Tradition der »praktischen Philosophie« in den Fußstapfen des Aristoteles blieb sie dies bis ins 18. und sogar 19. Jahrhundert. Der tiefere Grund dafür war, wie bereits erwähnt,

135 Siehe z.B. das von Alfred Marshall entlehnte Motto, das Galbraith auf die Titelseite seines Buches *The Affluent Society* (Boston 1958) setzte: »Der Ökonom muss sich wie jeder andere mit den letzten Zielen des Menschen befassen«.

die Auffassung, dass die Realität als solche auf ein ideelles Muster gestickt ist, d. h. dass Realität und Idealität in einer inneren Beziehung zueinander stehen. In dieser Perspektive besitzt jedes Phänomen seine spezifische Idee, die gleichzeitig als Ideal fungiert. D.h. jedes konkrete Wesen strebt danach, seine angeborene Idee oder Identität so viel wie möglich zum Ausdruck zu bringen.

Das gilt dann natürlich auch für das Menschsein. Auch der Mensch hat in dieser Sichtweise ein angeborenes Wesen oder eine Identität, und der Sinn seiner Existenz besteht darin, diese Identität in seinem Leben immer vollkommener zu verkörpern. In dem Maße, wie ihm das gelingt, ist sein Leben »erfolgreich« oder er ist »glücklich« – »Glück« schließt in dieser Sichtweise zwar ein subjektives Glücksgefühl ein, ist aber in erster Linie ein »objektiver« Zustand. Die Aufgabe der Ethik besteht hier also in erster Linie darin, ein normatives Konzept des Menschseins zu entwickeln, zu skizzieren, wie das Menschsein »sein soll«, und dann aufzuzeigen, wie die verschiedenen Aspekte der menschlichen Existenz (Wirtschaft, Politik usw.) organisiert sein sollten, um das Ideal des Menschseins optimal zu verwirklichen. Das wirtschaftliche Phänomen ist hier also a priori in einem breiteren, von Normativität geprägten Rahmen angesiedelt. Das ist auch der Grund, warum die Wirtschaftswissenschaft nicht zufällig und beiläufig Teil des Korpus der »Moralphilosophie« als Ganzes ist. Würden wir das ökonomische Phänomen »isoliert« betrachten, losgelöst von seiner Einbettung in den größeren normativen Kontext, dann hätten wir es in dieser Sicht der Dinge nicht mehr mit dem Phänomen selbst zu tun, sondern nur noch mit einem Residuum unter künstlichen Bedingungen, ähnlich wie die Untersuchung von aus dem Lebenszusammenhang herauspräparierten Organen uns nur Einblicke in die Rückstände des Lebensprozesses und nicht in den Prozess selbst bietet. Mutatis mutandis gilt dies auch für eine hinsichtlich der praktischen Philosophie verselbständigten Wirtschaftswissenschaft.

Dennoch ist diese von der »Moralphilosophie« emanzipierte, angeblich wertfreie Wirtschaftswissenschaft zustande gekommen. Diese Entwicklung ist Teil der bereits beschriebenen Entkopplung von Realität und Idealität, die für die Moderne charakteristisch ist, die immer weitere Kreise in der modernen Gesellschaft gezogen und auch die Wirtschaftswissenschaften nicht unberührt gelassen hat. Dennoch hat es, wie bereits erwähnt, immer wieder Ökonomen gegeben, die sich gegen diese positivistische Sicht der Ökonomie gewandt haben. Sie stellen nur nicht die vorherrschende Strömung in dieser Disziplin dar.

Das Bindeglied dieser Überlegungen ist, wie erwähnt, zu untersuchen, wie die Moderne in der Wirtschaftswissenschaft fortwirkt. Noch eine Bemerkung in diesem Zusammenhang. Als ein wichtiges Merkmal der Moderne hat sich ihr Aktivismus erwiesen, ihre Haltung, alles unter dem Aspekt der Herstellbarkeit, Steuerbarkeit, Kontrollierbarkeit, kurz der Beherrschbarkeit der Dinge anzugehen. Es scheint mir klar, dass auch das wirtschaftliche Denken und Handeln in der modernen Gesellschaft unter diesem Vorzeichen steht. Ökonomische Analysen dienen dazu, Entwicklungen im wirtschaftlichen Bereich zu erklären und vorherzusagen, um diese Analysen dann für die Wirtschaftspolitik zu nutzen, z.B. um ökonomische Anreize für erwünschtes Verhalten (oder im Gegenteil gegen unerwünschtes Verhalten) von Bürgern oder Unternehmen zu geben, Fehlentwicklungen wie Rezessionen oder gar Überhitzungen der Wirtschaft rechtzeitig zu erkennen. Auf der Grundlage einer gewissen Diagnose der für diese Fehlentwicklungen verantwortlichen Faktoren sollten geeignete Gegenmaßnahmen vorgeschlagen werden, Pläne (z.B. für die mittlere oder lange Frist) zu erstellen sein, um den Wirtschaftsprozess in die gewünschte Richtung zu lenken, kurzum, diesen Prozess so weit wie möglich zu steuern.

Dies setzt eine Reihe von Annahmen voraus, wie z. B., dass wirtschaftliche Prozesse bestimmten Gesetzen folgen und dass diese Gesetze, um ihnen so weit wie möglich ihren intuitiven, qualitativen Charakter zu nehmen, in Maß und Zahl ausgedrückt werden können müssen, um berechenbar zu sein. Ökonomische Erkenntnisse müssen daher formalisierbar sein. Das bedeutet aber, um es noch einmal zu sagen, dass wirtschaftliche Prozesse nach dem Vorbild von Naturprozessen gedacht werden.

Welche Konsequenzen ergeben sich daraus?

So viel zu dem Unternehmen, sich (dem Mainstream der) modernen Ökonomie aus der breiteren Perspektive der Moderne zu nähern, sie von außen unter einem kulturphilosophischen Gesichtspunkt zu betrachten. Die Frage lautete also: Was waren die allgemeinen sozialen und kulturellen Bedingungen, die zur Entstehung der Wirtschaft und der Wirtschaftstheorie, wie wir sie heute kennen, geführt haben?

Dies mag eine rein theoretische Übung bleiben, die über die Befriedigung unserer Neugierde hinaus keine weiteren Konsequenzen hat. Doch jede Theorie, zumindest wenn es um grundlegende Fragen geht, wird von einer Form der Reflexion begleitet. Dann wird sichtbar, dass die Theorie ein Ausdruck unserer Sichtweise und unserer Vorstellungen ist; sie sagt also etwas über uns selbst aus. Das wirkt zurück auf die Art und Weise, wie wir im Leben stehen. Schon auf diesem Weg hat die Theorie praktische Auswirkungen.

Aber es steht auch ein unmittelbares praktisches Interesse auf dem Spiel. Es besteht ein weit verbreitetes Bewusstsein dafür, dass mit der herrschenden Wirtschaft und der entsprechenden Wirtschaftstheorie etwas gründlich schief läuft. So grundlegend falsch, dass Anpassungen innerhalb des bestehenden Rahmens möglicherweise keine echten Lösungen für die Probleme bieten. So schrieb der Löwener Wirtschaftsprofessor De Grauw nach dem Ausbruch der Wirtschaftskrise 2008, die die große Mehrheit der Ökonomen nicht hatte kommen sehen, dass die Wirtschaft (als Wissenschaft) neu erfunden werden müsse. Infolgedessen werden an vielen Orten und von vielen Einzelpersonen und Gruppen »alternative« Formen der Wirtschaft und der Wirtschaftstheorie erwogen und erprobt. Aber vielleicht sind diese Initiativen – von denen es in der Tat viele zu geben scheint – zu zersplittert und unterschiedlich ausgerichtet, um eine wirkliche systematische Analyse zu ermöglichen, und fehlt es ihnen auch an einer wirklich tiefgreifenden Diagnose. Und eine unzureichende Diagnose führt nun einmal nicht zu einer wirksamen Therapie.

Eine Vermutung

Im Folgenden gehe ich von der (selbstverständlich zu bestätigenden) Annahme aus, dass in der Wirtschaft etwas Ähnliches wie beim Umweltproblem der Fall ist. Auch das ist in seiner heutigen Form eine Begleiterscheinung der Modernisierung. An der Schwelle zur Neuzeit, um 1700 – ich greife diesen Gedanken noch einmal kurz auf –, taucht ein neuer Naturbegriff auf, der sich deutlich von der bis dahin geltenden Vorstellung von der Natur als beseeltem Verband unterscheidet, in der alles, auch der Mensch, seinen wohldefinierten Platz hat. Von nun an wird die Natur als ein Ensemble von toten, trägen materiellen Körpern ohne Inneres, Bewusstsein, Gefühl und eigenes Streben gesehen. Folglich kann der Mensch, der sich als bewusstes, wollendes und strebendes Wesen erlebt, nicht länger Teil einer solchen Natur sein. Er wird also ein Außenseiter und sogar Gegner dieser Natur. Er ist in ihr nicht mehr zu Hause, ein »Vertriebener« in einer ihm völlig fremden Wirklichkeit, oder, um es nochmals mit den Worten des bereits zitierten bedeutenden französischen Molekularbiologen Jacques Monod zu sagen, »ein Zigeuner am Rande eines fremden Universums«.

Gleichzeitig ist der Mensch in dieser Sichtweise das einzige aktive und intelligente Wesen in der Welt, das nun die Kontrolle über diese Natur der toten Objekte und mechanisch funktionierenden Prozesse übernimmt und sie der Erfüllung seiner Bedürfnisse und Wünsche unterordnet. Durch die Linse der »mechanisierten Weltsicht« betrachtet, degradiert die Natur von einem belebten Geflecht von Mitgeschöpfen zu einem Lagerhaus von Ressourcen, die der Mensch nach Belieben ausbeuten kann.

Das menschliche Handeln wird weitgehend (aber nicht ausschließlich) durch unsere Sicht der Dinge bestimmt. Das gilt für unser individuelles Handeln, aber insbesondere auch für unser kollektives Verhalten. Nicht anders verhält es sich dann mit unserem Umgang mit der natürlichen Umwelt. Unter dem Aspekt des mechanisierten Weltbildes ist die Natur zum Jagdrevier des modernen Menschen und der Gesellschaft geworden, eine Jagd, die wir weit über die Tragfähigkeit der natürlichen Systeme hinaus betrieben haben, wie man jetzt immer besser zu verstehen beginnt. Das Umweltproblem ist somit im Denken und Verhalten einer Gesellschaft vorprogrammiert, die ihren Umgang mit der Natur am mechanisierten Weltbild ausrichtet.

Gleichzeitig war diese Sichtweise der Natur nie durchgängig charakteristisch für unsere Erfahrung mit und unsere Einstellung zur Natur. In der Tat wurden Tiere und Pflanzen nie nur als tote Objekte betrachtet, mit denen man nach Belieben schalten und walten konnte, sondern auch als Mitgeschöpfe, mit denen wir kommunizieren konnten und die unserer Fürsorge würdig waren. Landschaften waren nicht einfach nur Orte, an denen wir uns unwohl und fremd fühlten, sondern wir fühlten uns dort zu Hause und mit ihnen verbunden. Diese Erfahrungen und Einstellungen haben jedoch nicht den vorherrschenden Umgang mit unserer natürlichen Umwelt in der modernen Gesellschaft bestimmt; sie wurden an die Peripherie unserer Denk- und Lebensweise gedrängt und sind weitgehend sprachlos und eingeschneit geworden. Insofern also Verdinglichung, Entgrenzung, Beherrschung und Ausbeutung unser Verhältnis zur Natur bestimmt haben, leben wir also unter dem Regime der Moderne – mit der Einschränkung, dass dies nur ein Aspekt der Moderne ist. Daneben lässt sich ein anderes Gesicht ausmachen, für das die Erfahrungen einer lebendigen, schönen und eindrucksvollen Natur erhalten geblieben sind, auch wenn sie (zumindest vorläufig) gegenüber den »harten Kräften« den Kürzeren gezogen haben und wenig Einfluss auf die herrschende Praxis des Zusammenlebens haben. Aber insofern sie dennoch intakt geblieben sind, waren wir nie wirklich modern in dem bisher gemeinten Sinne.

Der Gedanke, den ich als Vermutung geäußert habe, ist, dass etwas Ähnliches auch auf die Wirtschaftswissenschaft zutreffen könnte. In der Form, wie sie sich herausgebildet hat, weist sie, wie dargelegt, weitgehend die Merkmale der Moderne (wiederum im oben skizzierten Sinne) auf. Die einseitige Ausrichtung auf sie würde bedeuten, dass die immer deutlicher hervortretenden Mängel des Wirtschaftssystems und die dazu passende Theorieform in ihrer Struktur vorprogrammiert sind, wie es beim Umweltproblem im mechanisierten Weltbild der Fall ist. Und so wie die »Lösung« des Umweltproblems nicht im Rahmen dieser Naturauffassung und des entsprechenden kollektiven Umgangs mit unserer natürlichen Umwelt gefunden werden kann, so verhält es sich auch mit der »Lösung« der gegenwärtigen wirtschaftlichen Probleme im Rahmen der Mainstream-Wirtschaft. Mit anderen Worten: Es gibt allen Grund, über einen radikalen Wandel des Wirtschaftssystems und einen entsprechenden Paradigmenwechsel in der Wirtschaftstheorie nachzudenken. Und ebenso wie bei der Bewältigung des Umweltproblems man für einen sorgsameren und schonenderen Umgang mit der Natur auf Erfahrungen zurückgreifen könnte, die zwar übertönt, aber nicht verschwunden sind, könnte etwas Ähnliches auch beim Anpacken der falsch entwickelten modernen Wirtschaft der Fall sein.

Vorhin bin ich davon ausgegangen, dass eine Gesellschaft die Politik, Kunst, Wissenschaft und somit auch die Wirtschaft bekommt, die sie »verdient«, d.h. die zu ihr passt. Und dass wir auf diese Weise das Wirtschaftssystem und die ökonomische Wissenschaft bekommen, die zu einer Gesellschaft unter modernen Bedingungen passen. Die Wirtschaft also als Manifestation der Modernität.

Diese Moderne mit ihren erwähnten Merkmalen des Kontrollierens, Steuerns und Planens, der Verdinglichung und des Denkens in äußerlichen Beziehungen ist aber keineswegs das Kleidungsstück, das auch der modernen Gesellschaft wie angegossen passt – es wurde bereits in der Form diskutiert, dass die Moderne nicht die ganze Palette unserer Erfahrungen und Einstellungen, etwa gegenüber der Natur, abdeckt. Im Gegenteil, der moderne Anzug kneift an vielen Stellen; er ist, um das Bild zu verändern, nicht repräsentativ für das Menschsein in seiner ganzen Breite, auch nicht unter modernen Bedingungen. Entweder gibt es neben dem Narrativ der Moderne noch eine andere Geschichte zu erzählen, oder können wir ein anderes Narrativ der Moderne erkennen als dasjenige, um das es bisher ging.[136] Ich entscheide mich für die zweite Option aus Gründen, die ich hier nicht ausführlich darlegen werde (sie werden zum Teil in der Fortsetzung deutlich werden). Mit anderen Worten: Es gibt zwei Geschichten über die Moderne zu erzählen, auf die wir uns mit den Stichworten Aufklärung und Romantik beziehen können, beide nicht so sehr als historische Kulturepochen, sondern als Geisteshaltungen verstanden. Die Aufklärung steht dann für die kalte Seite der Moderne mit ihrer kritisch-distanzierten Haltung, ihrem Denken in Begriffen der Objektivierung, der anonymen Prozesse der dritten Person, der Sozialtechnik und -kontrolle, der äußerlichen Beziehungen (einschließlich der Vertragsbeziehungen), des äußeren Wohlstandsbegriffs usw., kurz gesagt, all jener Merkmale, die bereits diskutiert wurden und hier nicht wiederholt werden müssen.

Die Aufklärung hat eine beeindruckende Erfolgsbilanz vorzuweisen. Sie hat uns die moderne Wissenschaft, Technik und Medizin beschert. So hat sie große Gruppen von Menschen aus der bitteren Armut befreit, in der sie lebten, sie hat uns gelehrt, wie man Krankheiten und Gebrechen wirksam bekämpft und uns praktisch von den Epidemien befreit, die frühere Generationen geplagt haben, sie hat uns Möglichkeiten für ein komfortableres und qualitativ reicheres Leben eröffnet usw. Aber gleichzeitig hat sie ein ganzes Feld von Phänomenen außer Acht gelassen, die für die menschliche Existenz (und die Realität im Allgemeinen) gleichermaßen charakteristisch sind. Sie rechnete nur mit dem, was im Sinne von Zählbarkeit und Messbarkeit zugänglich ist, was empirisch fassbar, herstellbar, vorhersehbar, kontrollierbar und (unter Verwendung eines begrenzten Begriffs von Rationalität) rational beweisbar ist. Kurzum, sie rechnete nur mit dem Bereich der so genannten »harten Kräfte«. Und sie hatte nur ein Auge für das Allgemeine, Typische, Geregelte, Konventionelle

136 Siehe meinen Artikel »Die Halbierung des Weltbildes. Oder: Das andere Gesicht der Moderne«. In: G.A. van der Wal, *Recht met Reden. Verzamelde opstellen (Grundlegendes zum Recht. Gesammelte Aufsätze)*, herausgegeben und mit einem Vorwort versehen von René Foqué, Kluwer, Deventer 2003, 387–402.

und »Gewöhnliche«. Die Aufklärung, so könnte man es auch formulieren, ist nur repräsentativ für die äußere und kalte Seite des menschlichen Daseins, nicht für ihre Totalität.

Die Aufmerksamkeit auf diese andere Seite des Menschseins zu lenken, ist, wie bereits erwähnt, das Verdienst der Romantik, nicht so sehr, wie gesagt, als Kulturepoche, sondern als Geisteshaltung und Mentalität. Sie eröffnet den Blick auf eine ganze Palette von Phänomenen, die aus der Sicht der Aufklärung entweder völlig übersehen werden oder nur in verzerrter Form erscheinen. Es geht um den Platz, den die Intuition, Phantasie und Imagination in der menschlichen Existenz einnehmen, um den Hang zum Schönen, Poetischen und mehr als Gewöhnlichen, das sich nicht in Regeln fassen lässt. Diese Aufmerksamkeit für das Besondere, Einzigartige, Individuell-Eigene (im Gegensatz zum Allgemeinen und Typischen), für das Spontane, Originelle, Unkonventionelle, ja sogar Abnormale und Extreme, deren Sprachrohr die Romantik wurde, ist nicht weniger ein Grundzug der modernen Kultur als das Denken der Aufklärung. Man kann diese Sichtweise mit Recht als das andere Gesicht der Moderne bezeichnen.[137]

Es würde den Rahmen dieses Buches sprengen, das vielfarbige Gefüge der romantischen Wirklichkeitsauffassung und -einstellung in jeder Hinsicht zu beleuchten. Dennoch einige Bemerkungen, die für unser Thema relevant sind. Entscheidend für die romantische Sichtweise ist die Auffassung, dass es neben der kühlen, unpersönlichen Form des Erfahrens und Erkennens, die gemeinhin zum Lager der »Vernunft« gehört, noch eine andere Form des Erkennens gibt, nämlich die des Gefühls, des Herzens, der Intuition oder welche Begriffe man auch immer dafür verwenden möchte. Auch hier geht es um Formen der Rationalität, um die Kontaktaufnahme mit und das »Verstehen« von Dimensionen der Wirklichkeit, für die die Vernunft keine Antenne hat. Man denke zum Beispiel an die Aussage von Pascal, dem großen Mathematiker

137 *Die Halbierung des Weltbildes. Oder: das andere Gesicht der Moderne,* vorherige Anmerkung.

und Naturforscher, der also mit kühlem Denken gut vertraut war: »Das Herz hat seine Gründe (!), die die Vernunft nicht kennt.«[138]

Zum anderen Gesicht der Moderne gehört auch die Aufmerksamkeit für eine ganze Reihe von Phänomenen, die nicht gezielt und direkt hervorgerufen werden können, denen aber gerade in der Moderne ein hoher Wert beigemessen wird. Dazu gehören Glück, Freude, Liebe, Freundschaft, Autorität, Vertrauen, Authentizität und tiefe Überzeugungen (die sich nicht beliebig manipulieren lassen). Vor allem Max Scheler hat betont, dass das Glück, nicht anders als etwa die Freude, nicht das Ergebnis direkter Bemühungen um seine Herbeiführung sein kann. Vielmehr tritt es nur vermittelt durch andere Tätigkeiten auf, »auf dem Rücken von Handlungen«, wie Scheler sich ausdrückt, die auf Inhalte ganz anderer Art gerichtet sind. Deshalb, schreibt Josef Pieper, »wird uns, wann immer es uns widerfährt, glücklich zu sein, etwas Unvorhergesehenes zuteil, etwas, das nicht vorausgesehen werden konnte und also der Planung und dem Absehen entzogen blieb. Glück ist wesentlich Geschenk«.[139] Es liegt in der Natur des Glücks, dass es sich nicht erzwingen lässt, wie man es auch ausdrücken kann. Dies zu wollen, hält der Psychiater Viktor Frankl sogar für ein Symptom einer neurotischen Haltung.[140] Er zitiert in diesem Zusammenhang Kierkegaard, der einmal bemerkte, dass sich die Tür zum Glück nur nach außen öffnet, sie muss also für jemanden geöffnet werden. Wer versucht, sie ›einzurennen‹, wirft sie nur noch fester ins Schloss. Glück, so Frankl, ist nur möglich, wenn es einen Grund dafür gibt, die nur in Erfahrungen von Sinnhaftigkeit und in der liebevollen Begegnung mit Anderen bestehen kann. Nur indirekt, über diesen »Grund« und als Begleiterscheinung davon, ist Glück erreichbar, nicht durch direkte Fixierung darauf.

---

138 Bl. Pascal, *Gedanken* (Übers. von Ewald Wasmuth), Fragment 277 (Nummerierung Brunschvicg).

139 Josef Pieper, *Glück und Kontemplation*, München 1957, S. 22.

140 Viktor Frankl, *Der Mensch vor der Frage nach dem Sinn*, München/Zürich 1985^4, S. 101 u.a.

Das Gleiche gilt dann auch für die anderen genannten Phänomene. Erich Fromm stellt zum Beispiel in Bezug auf die Freude fest: »Freude ist eine Begleiterscheinung produktiven Tätigseins.«[141] Wer sie zielstrebig und als solche verfolgt, kommt nicht weiter als bis zu einem Zustand erzwungener, aber leerer Lustigkeit. Auch Autorität und Respekt, um es vorerst dabei zu belassen, können nicht durch zielgerichtetes Handeln erworben werden. Sie lassen sich nicht »erringen«, sondern können nur als Zugabe für Menschen entstehen, die mit ihrem Herzen bei der Sache sind, bei ihrer wissenschaftlichen Arbeit, ihrer Kunst, ihrem Coaching und ihrer Fürsorge für verletzbare Menschen oder was auch immer. Kurzum, es sind alles Zugabephänomene, wie ich sie nenne, die uns bei ansonsten zielgerichteten Aktivitäten *en passant* zufallen. Sie erfordern daher nicht so sehr eine aktivistische als vielmehr eine rezeptive Haltung, eine Haltung des Sich-Eröffnens für nicht-inszenierte Erfahrungen.

Genau hier liegt der große Unterschied zum Machbarkeitsdenken. Dort geht es um Phänomene, die unter von uns bestimmten Bedingungen erzeugt werden können. Diese Art von Erfahrung begegnet uns am stilvollsten im wissenschaftlichen Experiment, wo Phänomene tatsächlich unter von uns bestimmten Bedingungen untersucht werden. Allerdings handelt es sich dabei um einen stark verengten Typus domestizierter Erfahrung. Schon der Begriff selbst deutet darauf hin: »Erfahren« kommt von »fahren«, d.h. »reisen«, »sich fortbewegen«. Erfahren ist dann: durch die Welt reisen, erfahren, lernen von dem, was man dort sieht, was einem widerfährt. Kurzum: Erfahren heißt: mit der Wirklichkeit, oft ungefragt, konfrontiert werden. Es handelt sich dann um Arten von Erfahrung, die man nicht machen kann, ohne sich selbst einzubringen (im Gegensatz zur wissenschaftlichen Haltung, in der man das nicht oder so wenig wie möglich tut), Arten von Erfahrung somit, die man sich passieren lassen muss, ohne vorher selbst die Voraussetzungen zu schaffen, für die man also die experimentelle Haltung grundsätzlich aufgeben muss. Wer sich experimentell von

141 Erich Fromm, *Haben oder Sein* (siehe Anmerkung 24), S. 115.

der Treue seines Lebenspartners oder Freundes überzeugen wollte, würde das Phänomen nicht einmal ins Visier bekommen.

Wer coûte que coûte Regisseur seines eigenen Lebens sein will, kann Erfahrungen wie Vertrauen, Freundschaft und Liebe nicht machen. Und das Gleiche gilt für das Phänomen Sinn. Wer einseitig Sinn stiften, d.h. aus sich selbst heraus Sinn organisieren will, wird mit ziemlicher Sicherheit in einem Sinndefizit enden, wie die moderne Philosophie zur Genüge beweist.

Immer handelt es sich dabei, wie bereits erwähnt, um Phänomene, die nicht zielgerichtet herbeigeführt werden können. Sie werden uns als Zugabe zufallen beim Durchführen anderer Aktivitäten, wie z.B. gemeinsames Musizieren oder Sport treiben, ein gutes Gespräch führen, ein gemeinsames Projekt in Angriff nehmen, etc. Hier befinden wir uns im Bereich der »sanften Kräfte«. Sie bestimmen weitgehend die Prozesse im Leben und Zusammenleben, die jedoch, da sie nicht in das Bild kalkulierbarer, steuerbarer Faktoren passen, als »soft« abgetan werden. Hierbei denke man zum Beispiel an die entscheidende Rolle des Vertrauens im Bereich der Wirtschaft, etwa beim Steigen oder Fallen der Börsenkurse oder des Geldwertes. Dieses Vertrauen lässt sich nicht manipulieren, im Gegenteil, jeder Versuch dazu, wirkt kontraproduktiv. Nur durch langfristig verlässliches Verhalten kann es wachsen. Wie das Sprichwort sagt, kommt es zu Fuß, aber durch kalkuliertes, Misstrauen weckendes Verhalten geht es zu Pferd.

Alles in allem ergibt sich das Bild der modernen Gesellschaft als ein Geflecht mit idealtypisch zwei Hauptsträngen, die ihrerseits in vielfältiger Weise miteinander verwoben sind. Doch so zutreffend eine solche Charakterisierung im Allgemeinen auch sein mag, in der modernen Gesellschaft hat sich eine Entwicklung vollzogen, bei der sich der Schwerpunkt zunehmend auf die aufklärerische Komponente zu Lasten der romantischen verschoben hat. Zunehmend hat sich diese Gesellschaft, wie wir bereits erörtert haben, sowohl theoretisch als vor allem auch praktisch am Bild einer Wirklichkeit von naturgemäß herstellbaren und konstruierbaren Dingen und von anonymen, kontrollierbaren und planbaren Prozessen orientiert. Mit anderen Worten: Das Denken und Handeln in Begriffen von Kontrolle und Instrumentalität ist zunehmend in den Vordergrund getreten. Diese Entwicklung ist weniger glücklich als »Kolonisierung der Lebenswelt durch die Systemwelt« beschrieben worden. Weniger glücklich: Das setzt ja voraus, dass die Systemwelt von ihrem Wesen her am Aufklärungsnarrativ orientiert ist – quod non, ich komme darauf zurück – und die Lebenswelt dann ausschließlich die Domäne weicher Kräfte, Zugabephänomene etc. ist, ebenfalls quod non. Dennoch steht hinter dieser Idee der Kolonisierung der Lebenswelt durch die Systemwelt die richtige Beobachtung einer Verzerrung des gesellschaftlichen Prozesses durch übermäßige Konzentration auf einen bestimmten Typus von Phänomenen und Prozessen. Diese Entwicklung und vor allem die dahinter stehende Sicht der Dinge habe ich in früheren Publikationen als Halbierung des Weltbildes bezeichnet[142].

Kehren wir nun zur Wirtschaft zurück, so ist sie in ihrem Denken und ihrer Praxis immer mehr unter den Einfluss dieser halbierten Weltsicht geraten, wie offenkundig auch der Einfluss einer »Soft Power« wie des Vertrauens in ihrem Bereich ist. Daraus ergeben sich, so die in diesem Kapitel vertretene These, wichtige Defizite und Entgleisungen des vorherrschenden »Casino-Kapitalismus« als der dominierenden Form der heutigen Wirtschaft. Und es stellt sich die Frage, wie eine »andere« Wirtschaft aussehen könnte, die diese Defiziten und Entgleisungen beheben würde.

Die Konturen einer »anderen« Wirtschaft

Wenn ich hier dazu einen Versuch wage – in diesem Sinne ist es wirklich ein Essay –, muss man sich die Art der hier durchgeführten Übung vor Augen halten. Es geht mir um eine kulturphilosophische Perspektive auf die Wirtschaft, nicht um eine inhaltliche Auseinandersetzung mit der Wirtschaftswissen-

142 Siehe u. a. die in Fußnote 136 erwähnte Veröffentlichung.

schaft – dazu fehlt mir ohnehin die Kompetenz. Was hier aber beabsichtigt ist, ist, den Gegenstand und die passende Methode zur Erschließung und Bearbeitung der Ökonomie zu benennen, ihre Markierungen als Erscheinungsdomäne und als zugehörige Disziplin festzulegen. Philosophie oder Grundlagenforschung, so könnte man sie auch nennen, betreibt nicht inhaltlich irgendeine Fachwissenschaft, sondern versucht, den kategorialen Rahmen der jeweiligen Wissenschaft zu rekonstruieren. D.h. eine Analyse und Artikulation des Netzwerks der verwendeten (Grund-)Begriffe in ihren Zusammenhängen sowie der in der Disziplin verwendeten Argumentationsweisen zu liefern.

Wenn man die Wirtschaftswissenschaft in Termini der Verteilung knapper Ressourcen beschreiben kann, dann ist diese Definition unvollständig, ohne zu erwähnen, worauf sie abzielt. Denn als Sozialwissenschaft befasst sich die Ökonomie, wie bereits erwähnt, mit menschlichem Verhalten, das seinem Wesen nach zweckgerichtet und wertbestimmt ist. Nach weit verbreiteter Auffassung kann dieses Ziel letztlich nur das menschliche Wohlergehen sein – auch wenn darüber hinaus nach einer zunehmend verbreiteten Auffassung auch das Wohlergehen von Tieren und das Gedeihen der Natur überhaupt eine Rolle spielen. Dieses Wohlbefinden als Containerbegriff muss dann wiederum konkretisiert werden. Nur so viel sei an dieser Stelle gesagt: Die einseitige Orientierung am Narrativ der Aufklärung hat in der Mainstream-Ökonomie zu einer starken Betonung der harten, messbaren, materiellen Aspekte des Wohlbefindens geführt, auf Kosten seiner »weichen«, eher immateriellen, persönlichen und zwischenmenschlichen Aspekte. Oder, um eine bekannte Unterscheidung zu gebrauchen, die Mainstream- Ökonomie wird stark vom ›Haben‹ auf Kosten des ›Seins‹ dominiert.[143] Um der Forderung gerecht zu werden, die Wirtschaft wieder in ihrer ganzen Breite auf das menschliche Wohlergehen auszurichten, muss daher eine signifikante Verschiebung zu personenbezogenen Werten stattfinden, vom Haben zum Sein.

---

143 Siehe vorheriges Kapitel.

In engem Zusammenhang damit steht die Rolle des Geldes und ganz allgemein des Geldsektors in der Wirtschaft. Geld ist, vor allem wegen seiner unspezifischen Natur (es kann gegen die verschiedensten Dinge umgetauscht werden), ein nützliches Tauschmittel, aber wirklich nicht mehr als das. Es gehört zur Sphäre der Ressourcen, man kann es nicht essen, darin leben und schlafen, sich damit fortbewegen usw. Kurzum, es hat von Natur aus eine dienende Funktion. Und doch scheint es in unserer modernen Gesellschaft zu einem Gut an sich geworden zu sein, das um seiner selbst willen begehrt und verfolgt wird. Dies ist ein hervorragendes Beispiel für die viel diskutierte Verwechslung von Zweck und Mitteln, die in der modernen Gesellschaft in vielerlei Hinsicht stattgefunden hat. Das Ergebnis ist die überproportionale Rolle, die der Geldsektor dort spielt. So sehr, dass er sich von der so genannten Realwirtschaft weitgehend verselbständigt und abgekoppelt hat und in dieser Realwirtschaft zu einer Art Staat im Staat geworden ist; man denke nur an die Stellung der Zentralbanken und überhaupt an die Rolle, die Banken und Börsen im Wirtschaftssystem spielen. Der monetäre Kreislauf mit seinen Geldströmen und dem Blitzkapital scheint nur seinen eigenen Gesetzen und Maßstäben zu gehorchen, die der Idee des menschlichen Wohlergehens völlig fremd sind.

Ausdruck der Verselbständigung des Geldkreislaufs ist das Phänomen der Börse. Hier wird Geld mit Geld gemacht, ohne dass ein direkter Beitrag zum Produktionsprozess geleistet wird. In der Tat haben die Aktionäre im Allgemeinen keine direkte Verbindung zu den Unternehmen und anderen Organisationen (die beispielsweise Fußballvereine sein können), in deren Aktien sie ihr Geld investiert haben. Sie sind nur an den Erträgen dieser Aktien interessiert; die Börsenkurse sind daher das Einzige, woran sie interessiert sind. Das Pendant dazu ist, dass die Gewinne der betreffenden Unternehmen abgesahnt werden und nach außen fließen, anstatt in das Unternehmen investiert zu werden und/oder den Arbeitnehmern im Unternehmen, die die Ergebnisse erarbeitet haben, zugute zu kommen. In einer auf das menschliche Wohlergehen ausgerichteten Wirtschaft ist die Börse daher in der

Tat eine perverse Institution, die idealerweise abgeschafft oder zumindest in ihrer Bedeutung stark reduziert werden sollte.

Und nicht nur der monetäre Sektor hat sich, um den Faden aufzugreifen, gegenüber der Realwirtschaft verselbständigt, sondern auch die Wirtschaft gegenüber der Gesellschaft insgesamt, nicht zuletzt gegenüber der Politik. Man muss jedoch nicht lange nachdenken, um zu erkennen, dass die Wirtschaft in großem Stil funktioniert durch das Gegebensein nicht-ökonomischer Bedingungen wie der Mentalität einer Bevölkerung (Gründlichkeit versus Nachlässigkeit), Machtverhältnisse, Korruption, Klientelismus, Einfluss krimineller Organisationen, geografische Lage, klimatische Bedingungen, Friedens und soziale Stabilität (welches Unternehmen investiert in einem Land, das von Bürgerkrieg und großen Unruhen zerrissen ist?) usw. Daher ist das Vertrauen vieler Wirtschaftswissenschaftler und Beratungsgremien in Wirtschaftsmodelle und -gesetze nur schwer zu verstehen. Die Mängel und Unzulänglichkeiten der Mainstream-Wirtschaft sind nicht zuletzt auf die oben genannten Formen der Verselbständigung (des Geldsektors und der Wirtschaft als solcher) zurückzuführen. In einer »alternativen« Ökonomie müsste daher die Autonomie dieser Sektoren stark zurückgenommen und der Geldkreislauf viel stärker in eine dienende Funktion im gesamten Wirtschaftssystem und dieses wiederum in das gesamtgesellschaftliche Geschehen integriert werden.

Das wiederum würde bedeuten, dass auch die Wirtschaft viel stärker unter den Einfluss der Politik gestellt würde, von dem sie sich unter den gegenwärtigen Umständen weitgehend befreit hat. Die Politik (und gehen wir davon aus, dass es sich um eine Politik demokratischer Prägung handelt) hat die Aufgabe und Funktion, die Gesellschaft als Ganzes zu ordnen. Ihre Grundfrage lautet: Was für eine Gesellschaft mit welcher Art von Lebensstil und entsprechender Ordnung wollen wir sein? Die Einzigartigkeit und relative Autonomie der Teilsysteme (Recht, Kunst, Religion, Sport usw., aber auch der Wirtschaft) muss dabei nicht angetastet werden. Aber die Politik wird das Spielfeld dieser Teilsysteme unter dem Gesichtspunkt des Gemeinwohls, der zentralen Kategorie der Politik, bestimmen müssen. Es kann also nicht sein, dass Unternehmen und Dienstleistungen, die für das Funktionieren des gesamten gesellschaftlichen Geschehens unverzichtbar sind, wie z.B. die so genannten Versorgungsbetriebe, dem Einfluss der Politik entzogen und privatisiert, d.h. privaten Trägern und deren Vorstellungen und Interessen überlassen werden. Auch dies bedeutet keineswegs, dass das gesamte gesellschaftliche Geschehen von einem zentralen Punkt aus gelenkt wird. Aber es bedeutet, dass eine Gesellschaft das Geschehen in ihrer Mitte ausreichend im Griff haben muss, um die Art von Gesellschaft zu sein, die sie sein will.

Dies bedeutet auch eine Neudefinition des Verhältnisses von öffentlichem und privatem Sektor. Der öffentliche Sektor umfasst alles, was für das Funktionieren des gesamten Gesellschaftssystems notwendig ist. Dazu gehört zum Beispiel die Schöpfung und Sicherung des Geldes als allgemeines Tauschmittel innerhalb einer Gesellschaft. Diese Befugnis zur Geldschöpfung wird im gegenwärtigen System den Banken als privatwirtschaftlichen Unternehmen eingeräumt. Der Missbrauch dieser Befugnis hat bekanntlich beim Ausbruch der Finanzkrise 2008 eine große Rolle gespielt. Die Tatsache, dass dieser Sturm nicht im Finanzkreislauf hängen blieb, wie viele Experten glaubten, sondern auf die reale Ökonomie übergriff, ist ein weiterer Beweis für die nur vermeintliche Unabhängigkeit und Autonomie des Geldsektors bzw. die Verflechtung der Teilsysteme innerhalb der Gesellschaft als Ganzes.

Ein weiterer Aspekt der Verflechtung der sozialen Teilsysteme innerhalb des gesamten Gesellschaftssystems ist die Verbindung von Wirtschaft und Moral. In den früheren Phasen des ökonomischen Denkens, mit Klassikern wie Adam Smith, John Stuart Mill und Karl Marx, um nur diese zu nennen, ist dieser Zusammenhang auch schon immer offensichtlich gewesen, es wurde bereits erwähnt. Aber allmählich hat sich die Auffassung durchgesetzt, dass die Ökonomie und insbesondere der Finanzsektor Bereiche sind, die die Verankerungen mit der Moral losgelassen haben.

Wie bereits erwähnt, ist das gesamte Handeln der Gesellschaft und damit der Wirtschaft aktiver Natur. Handlungen wiederum sind teleologisch strukturiert und damit wertbehaftet. Dabei kann es sich um sehr unterschiedliche Arten von Werten handeln, wie ästhetische, rechtliche oder technische. Es handelt sich aber auch um eminent moralische oder humanitäre Werte, die sich, wie der letztgenannte Begriff besagt, auf die Förderung des menschlichen Wohlergehens beziehen. Abgesehen von eher trivialen Handlungen wie Brotschneiden oder Staubsaugen, bei denen wir nicht so leicht moralische Gesichtspunkte ins Spiel bringen, haben Handlungen und Handlungsweisen eigentlich immer einen moralischen Aspekt, und zwar umso mehr, je wichtiger sie für das menschliche Wohl sind. Dies ist sicherlich bei wirtschaftlichen Handlungen der Fall, vor allem wenn sie große Auswirkungen auf das Leben der Menschen haben.

Dieser humanitäre Aspekt droht auch in Schwierigkeiten zu geraten, wenn die wirtschaftlichen Institutionen (aber das gilt nicht weniger für die Institutionen in anderen Bereichen, z.B. im Gesundheits- oder im Bildungswesen) einer immer exklusiveren Eigenlogik gehorchen, z.B. der des Wachstums und der Effizienz. So entstehen (sehr) große Unternehmen und Organisationen, in denen das menschliche Maß verloren geht und die Menschen sich in den unübersichtlich gewordenen Strukturen verloren fühlen. Dieses Merkmal der modernen Wirtschaft hat der flämische Wirtschaftswissenschaftler Geert Noels in seinem gleichnamigen Buch als »Gigantismus« bezeichnet.[144] Wenn das menschliche Wohlbefinden wieder zum Leitprinzip des Wirtschaftssystems werden soll, und zwar in allen Bereichen des Sozialsystems, muss der menschliche Maßstab wiederhergestellt werden. Menschliches Wohlbefinden bedeutet nicht zuletzt, sich in einem vertrauten Kreis von Menschen (Familie, Verwandte, Freunde, Nachbarschaft, Kollegen) und in einer vertrauten Umgebung zu Hause zu fühlen. Einerseits haben wir uns in immer größere Zusammenhänge begeben (großstädtisch, national, kontinental und international). Wenn die Menschen jedoch nicht völlig entwurzelt und heimatlos

---

[144] Geert Noels, *Gigantismus, von »too big to fail« zu langsamer, kleiner und menschlicher*, Lannoo, Tielt 2019.

werden sollen, muss der menschliche Maßstab in vielerlei Hinsicht und dann auch in der Wirtschaft wiederhergestellt werden.

Die Globalisierung wird dann ihr Gegenstück in der Regionalisierung und Lokalisierung (»Glokalisierung«) haben müssen – was glücklicherweise bereits vielerorts geschieht. Kurzum, unter dem Gesichtspunkt der Förderung des menschlichen Wohlergehens in seinen verschiedenen Aspekten ist es an der Zeit, die Idee des Wachstums um des Wachstums willen aufzugeben.

Die Idee des menschlichen Wohlergehens bezieht sich letztlich auf eine grundlegende Vision von Mensch und Gesellschaft, auf eine Vorstellung davon, was es bedeutet, inmitten von Mitmenschen im vollen Sinne Mensch zu sein. Ich möchte hier einige Themen herausgreifen, die für die Wirtschaft wichtig sind. Erstens sind Menschen – das Thema wurde bereits angesprochen – keine isolierten sozialen Atome, wie die frühneuzeitliche Sozial- und politische Philosophie und dann auch die Ökonomie in Form des *homo oeconomicus* glaubten. Der Mensch ist vielmehr ein durch und durch soziales Wesen, das nur in Beziehungen zu Anderen existieren und seine menschlichen Potentiale verwirklichen kann. Die dialogische Philosophie des letzten Jahrhunderts, für die vor allem die Namen von Buber und Rosenzweig stehen, öffnete die Augen für diese inhärent mitmenschliche Natur des Menschseins, eine Ansicht, die dann von mehreren philosophischen Strömungen übernommen wurde. Wenn Menschsein im vollen Sinne bedeutet, sich als Person zu entfalten, als ein eigenständig denkendes, fühlendes, wollendes und handelndes Wesen, dann sind wir dabei aufeinander angewiesen. Menschen erwecken, evozieren und stimulieren sich gegenseitig zum Personsein. Kurz gesagt: Menschsein bedeutet, eine Person in Gemeinschaft zu sein.

Das bedeutet, dass die Beziehungen zwischen den Menschen nicht nur von äußerlicher Art sind, wie es das Vertragsdenken nahelegt, sondern zu einem großen Teil von innerlicher Art, wo sie die eigene Identität mitbestimmen. Das bedeutet, dass Menschen auch die Interessen anderer Menschen als ihre eigenen ansehen, sich umeinander kümmern, die Gabe der Empathie besitzen, kurzum, dass Formen des Altruismus zum menschlichen

Repertoire gehören. Der Andere ist also keineswegs der »Feind«, wie von Hobbes bis Sartre gedacht wurde, und die Gesellschaft ist auch nicht der Schauplatz des »Krieges aller gegen alle«, mit Konflikt und Wettbewerb als Grundmodus des sozialen Systems. Das menschliche Wohlergehen wird, anders ausgedrückt, durch positive soziale Beziehungen, wie z. B. Kooperation, besser gefördert. Während Konflikt und Wettbewerb nur als Nullsummenspiel betrachtet werden können (der Gewinn des einen ist der Verlust des anderen), führt Kooperation in vielen Fällen zu Win-Win-Situationen. Übertragen auf die Wirtschaft bedeutet dies, dass das rheinländische Geschäftsmodell, das die Interessen aller Beteiligten (Kunden, Aktionäre, Arbeitnehmer und die Gesellschaft als Ganzes) berücksichtigt, das also weitgehend auf Kooperation, Beratung und Teamarbeit beruht, unter dem Gesichtspunkt der Förderung des Wohlergehens der Menschen ein wesentlich befriedigenderes Modell ist als das angelsächsische Modell, das von Wettbewerb, Konfrontation und konfliktreichen Arbeitsbeziehungen geprägt ist.

Wir sind von der Frage ausgegangen, welche sozialen und kulturellen Bedingungen die herrschende Wirtschaft als System und als Wissenschaft zum Ausdruck bringt. Es handelt sich um ein System, den vorherrschenden Kapitalismus, der nach einer immer weiter verbreiteten Erkenntnis schwerwiegende Mängel aufweist und zu einem immer größeren Angriff auf das Gesellschaftssystem als Ganzes wird. Dies spiegelt sich dann in einer Wirtschaftstheorie wider, die sich in einer tiefen Glaubwürdigkeitskrise befindet.

Die hier durchgeführte kulturphilosophische Untersuchung hat gezeigt, dass diese Situation das Ergebnis eines Ungleichgewichts zwischen den beiden Hauptelementen der modernen Kultur, der Aufklärung und der Romantik, verstanden, wie oben erwähnt, als geistige Einstellungen und Perspektiven auf die Wirklichkeit ist. Dabei, so die These, hat sich das Gravitationszentrum, insbesondere was die Organisation der Gesellschaft betrifft, weit in Richtung des aufklärerischen Pols mit seiner Sichtweise und Einstellung zur Wirklichkeit verschoben. Nicht umsonst ist die Wirtschaft zusammen mit der Technik und der (nomothetischen) Wissenschaft, die WTÖ-Trias, die gesichtsbestimmende

Instanz der modernen Gesellschaft. Typisch dafür sind eine kühle, unpersönliche Form der Rationalität, ein Denken in Termini von Beherrschung einer Wirklichkeit der »harten Kräfte«, von Instrumentalität, eines schmalen Wohlbefindensbegriffs usw.

All dies ging auf Kosten derjenigen Erfahrungen, Denkweisen, Einstellungen usw., die für die persönlicheren, wärmeren und »weicheren« Aspekte des Menschseins typisch sind. Diese sind zwar in der Gestaltung des Zusammenlebens marginalisiert und an die Wand gedrängt worden, aber als fester Bestandteil der menschlichen Natur können sie nicht dauerhaft zum Schweigen gebracht und außer Betracht gelassen werden. Dass es sich um nicht eliminierbare Aspekte des Menschseins handelt, bekundet sich in elementaren Gefühlen von Gerechtigkeit und Ehrlichkeit, die schon in Kindern vorhanden sind, in Empathie, Fürsorge und Mitgefühl für andere, Formen des Altruismus also, in der Bereitschaft zur Kooperation und zur Sorge um das Gemeinwohl, die unter anderem in den Protesten gegen die Auswüchse des Kasinokapitalismus und im Ruf nach humaneren Formen der Wirtschaft zum Ausdruck kommen. Dies erfordert ein ökonomisches Denken, das diese Wünsche in seinen Theorien berücksichtigt und eine Reihe von Annahmen, auf denen die gegenwärtige Theorie beruht, drastisch revidiert, wie die des »homo oeconomicus«, die Sicht des Menschen als »unendlicher Begehrer und unendlicher Konsument«, die Amoralität der Ökonomie und die falsche Vorstellung von der Wirtschaft als einem eigenständigen Sektor der Gesellschaft. Dies als Folge unserer (kultur-)philosophischen Erkenntnis, dass die philosophischen Prämissen der Mainstream-Wirtschaftstheorie ebenso unhaltbar sind wie die der wirtschaftlichen Praxis, die sie widerspiegelt.

Schluß

Es handelt sich – ich wiederhole es – in diesem Kapitel um eine idealtypische Übung, um den Versuch, die Konturen einer

»ideal(er)en« Ökonomie zu skizzieren, die der ganzen Palette menschlicher Erfahrungen und Haltungen gerecht wird, die man kurzum eine humane Ökonomie nennen kann. Es handelt sich also um ein Richtungskonzept für die konkrete Ausgestaltung in der wirtschaftlichen Praxis und Theorie. Mit einem solchen Leitbild sind diese keineswegs gegeben, sie definieren nur das Spielfeld, innerhalb dessen sich diese Konkretisierungen bewegen müssen. Als Vergleich kann man hier an die Unterscheidung zwischen Prinzipien und Regeln denken. Regeln legen das menschliche Verhalten konkret und eindeutig fest: So soll es sein oder nicht sein (man denke an die Verkehrsregeln oder die Bestimmungen des Strafrechts), eine streng binäre Angelegenheit. Grundsätze hingegen tun dies nicht; sie sind Wegweiser in Richtung eines gewünschten Verhaltens, das sie auch nur allgemein und nicht in aller Konkretheit festlegen. Ihre Anwendung, zum Beispiel in Gerichtsverfahren, ist daher eine Frage der Auslegung und Abwägung.

So ist auch dieser Aufsatz gedacht: als Beitrag zur dringenden Debatte über eine »andere«, menschlichere Wirtschaft. Ob die Verwirklichung einer solchen »anderen« Wirtschaft durch eine Anpassung des bestehenden kapitalistischen Systems von innen (vielleicht doch) oder durch einen revolutionären Umbruch möglich ist, werden Diskussion und Praxis zeigen müssen.

Kapitel 5. Mensch und Natur: Fremde oder Verwandte?

Über die Möglichkeit eines naturfreundlichen Humanismus

Die Umwelt als Stiefkind des Humanismus

Wie alle anderen philosophischen Bewegungen hat auch der Humanismus seine Stiefkinder. Eines davon ist die Umwelt. Die Tatsache, dass der Humanismus eine distanzierte und schwierige Beziehung zu unserer natürlichen Umwelt hat, wurde bezeichnenderweise lange Zeit nicht als Problem wahrgenommen. Auf interessante Weise dokumentiert ist dies zum Beispiel in dem in den 1960er Jahren erschienenen Buch *Objections to Humanism.*[145] Darin setzt sich eine Reihe prominenter englischer Humanisten offen mit Einwänden gegen ihre Lebensanschauung auseinander. Aber unter diesen Einwänden taucht das problematische Verhältnis zur Natur nicht auf. Mit anderen Worten: Die Natur war so sehr aus dem Blickfeld geraten oder zumindest an den Rand gedrängt worden, dass diese Tatsache nicht einmal als Problem wahrgenommen wurde.

In der Zwischenzeit hat sich die Situation drastisch verändert. Das Umweltproblem, d.h. das Problem unseres gestörten Verhältnisses zur Natur (übrigens ein Sammelbegriff für ein ganzes Bündel von Problemen), kann durchaus als eines der großen sozialen Probleme der heutigen Menschheit angesehen werden – zusam-

---

[145] H.J. Blackham et al, *Einwände gegen den Humanismus,* A.W. Bruna & Son, Utrecht o.J.

men mit dem Gemeinschafts- und dem spirituellen Problem, d.h. dem Problem der Verhärtung der zwischenmenschlichen Beziehungen in der modernen Gesellschaft und der geistigen Armut und Verfinsterung der Sinndimension im modernen Dasein. Und während das Nachhaltigkeitsproblem, wie das Umweltproblem auch angedeutet wird, eine Zeit lang als ein praktisches Problem angesehen wurde, das daher auch mit praktischen Mitteln »gelöst« werden konnte, hat sich zunehmend die Erkenntnis durchgesetzt, dass wir es mit einem soziokulturellen, oder besser gesagt: einem weltanschaulichen Problem zu tun haben. Das heißt, dass das Problem mit unserer gesamten modernen Lebensweise, Einstellung und Weltsicht zusammenhängt. Wenn zudem der (heutige) Humanismus ein hervorragender Vertreter dieser modernen Lebens- und Denkweise ist, ist es kein Wunder, dass der Humanismus einen blinden Fleck für das gestörte Mensch-Natur-Verhältnis hatte, solange sich das Problem noch in der Inkubationsphase befand. Ebenso wenig ist es verwunderlich, dass der Humanismus nun, da das Problem in seinem ganzen Ausmaß sichtbar geworden ist, herausgefordert ist, sich tiefgreifend auf seine Grundlagen und Prinzipien zu besinnen.

Das Umweltproblem: im modernen Denkschema vorprogrammiert

Um die Behauptung ein wenig zu untermauern, dass das Umweltproblem im Grunde ein weltanschauliches (oder »geistiges«) Problem ist, d.h. eine Folge der modernen Lebens- und Denkweise, und dass der Humanismus ein wichtiger Exponent dieser modernen Denk- und Lebensweise ist, ist ein Blick auf den Mainstream der modernen (nachmittelalterlichen) Philosophie aufschlussreich. Dabei gehe ich, ich wiederhole es, davon aus, dass die Philosophie ein Spiegel der Gesellschaft und der Zeit ist – neben Literatur, Kunst, Recht, Wirtschaft, Technik usw. Jede reflektiert mit anderen Worten den kollektiven Bezugsrahmen der Gemeinschaft, jede in ihrem eigenen Medium, d.h. die Philosophie im Medium des begrifflichen Denkens. Umgekehrt wirken sie – wiederum jede auf ihre Weise – auf die Vorstellungswelt der Gemeinschaft zurück, indem sie deren Vorstellungsformen (die gesichtsbestimmenden Begriffe, Bilder, Metaphern, Geschichten usw.) weiterentwickeln und artikulieren, kurz: als Werkstätten fungieren, in denen das »symbolische Universum« der Gemeinschaft ein schärferes Profil gewinnt. Auf diese Weise kann, wie bereits erwähnt, ein Blick auf die Geschichte der modernen Philosophie dazu dienen, die charakteristischen Züge und blinden Flecken der vorherrschenden Geisteshaltung der modernen Kultur zu erkennen. Und die These ist, wie angedeutet, dass in dieser Denkweise die Umweltfrage vorprogrammiert ist. Wenn nun der moderne Humanismus ein Spross dieses Denkens ist, so ist es nicht verwunderlich, dass ein positives Mensch-Natur-Verhältnis hier eine unbezahlte Rechnung ist.

Richtungsweisend für die moderne Philosophie und damit auch für ihre Rolle bei der Entstehung des Umweltproblems war Descartes, der nicht ohne Grund oft als Vater der modernen Philosophie bezeichnet wird. Diese Bemerkung ist nicht dazu gedacht, ihn zum x-ten Mal auf die Anklagebank zu setzen. Sie kann auch als Hommage an einen Denker verstanden werden, der schon so frühzeitig die Grundüberzeugungen der Moderne so treffend formuliert hat. Descartes' Philosophie ist, wie bekannt, vor allem durch einen radikalen Dualismus von Subjekt und Objekt, Seele und Körper, Denken und Sinnlichkeit und damit auch von Mensch und Natur gekennzeichnet. Die Wirklichkeit ist in zwei Bereiche aufgeteilt, die jeweils ihre eigene Ordnung haben und gegenseitig inkommensurabel sind. Was der eine hat, fehlt dem anderen: zwischen beiden klafft eine riesige, eigentlich unüberbrückbare Lücke. Hier, und das ist der springende Punkt, steht der Mensch auf der einen Seite der Kluft, oder vielmehr das, was am Menschen als menschlich gilt: sein Geist, seine Vernunft und sein Bewusstsein. Auf der anderen Seite stehen sein Körper (dieses seltsame »tierische« Anhängsel), seine Sinnlichkeit (ein unzuverlässiges und daher minderwertiges Erkenntnisorgan), seine Emotionen (irrationale Gemütszustände, die er zähmen und kontrollieren muss) sowie die gesamte umgebende Natur. Der Mensch hat sich hier also selbst aus der Natur herauspromoviert, er ist zum *Vertriebenen* und Obdachlosen in dieser Natur geworden, kurzum, die Natur ist nicht mehr sein natürliches Zuhause. Sie ist das total Andere von ihm selbst, das Reich anonymer, von äußerer Kausalität getriebener Prozesse, Aggregat rein passiver (»träger«) materieller Dinge ohne Innerlichkeit, Bewusstsein, eigenen Zweck oder Wert. Demgegenüber steht das moderne Selbstbild des Menschen als eines »vernünftigen und sittlichen«, von Selbstbewusstsein und eigenem Willen geprägten Wesens. Dieses Wesen erfährt sich als Subjekt seines eigenen zielgerichteten Handelns – das einzige aktive, entdeckende, erneuernde Wesen in der Welt. Aus diesen Gründen besitzt der Mensch in dieser Selbstwahrnehmung, auch wiederum als einziges in der Welt, einen inhärenten (und daher nicht zugewiesenen) Wert oder eine Würde. In dieser Qualität ist er Quelle aller anderen Werte, mit anderen Worten, er bestimmt den Wert aller anderen Wesen und Dinge. Und aus diesem Grund hält er sich für berechtigt, die gesamte nicht-menschliche Wirklichkeit für die Verwirklichung seiner Bedürfnisse, Wünsche und seiner Freiheit zu nutzen, kurz gesagt die Natur zur Stadt des Menschen zu machen. Das heißt die Natur für seine Zwecke zu instrumentalisieren, z. B. Tiere in der Fleischverarbeitung oder in der Bio-Industrie.

Diese Auffassung von Realität und Selbst zieht sich wie ein roter Faden durch die Geschichte der modernen Philosophie. Man findet sie, um nur einen Hinweis zu geben, bei Pascal mit seiner Auffassung, dass es einen »unendlichen Abstand zwischen Körper und Geist« gibt (Fr. 793) und dass »unsere gesamte Würde (…) im Denken (besteht)« und wir deshalb »edler« sind als die Natur, die nichts von der Übermacht des Weltalls über den Menschen weiß (Fr. 347), weiter mit Aussagen wie, dass »unsere Seele in den Körper geworfen ist« (Fr. 233) und dass der Mensch »sich als verirrt in diesem versprengten Winkel der Welt halte« (Fr. 72).[146] Man findet diese Auffassung von Wirklichkeit und Selbst weiter bei Kant,

146 Blaise Pascal, *Gedanken* (siehe Anmerkung 138), Nummerierung Brunschvicg.

einem sehr einflussreichen Vertreter dieser Richtung, mit seiner Trennung von phänomenaler und noumenaler Welt, wobei letztere die Heimat des Menschen als vernünftiges und sittliches Wesen ist, im Gegensatz zur Natur, die auch ihrer Erscheinungsform nach die Schöpfung seiner Vernunft ist und damit auch nur den Status eines passiven Objekts hat. Und auch Kant kontrastiert den Eigenwert (»Würde«) des Menschen mit dem bloß zugewiesenen Wert (»Preis«) der übrigen Wirklichkeit. Man könnte weiter auf (den frühen) Fichte verweisen, der mit so vielen Worten sagt, dass Achtung vor der Natur unmöglich ist. Sie kann uns nur theoretisch als Mittel zur Selbsterkenntnis (aus dem Gegensatz) und praktisch als Material zur moralischen Selbstverwirklichung (als »Material der Pflicht«) interessieren. Auch bei Hegel ist die Natur als Selbstverwirklichung des Geistes für diesen nur Durchgangsstation, um zu sich selbst zu kommen. Bei Marx verwirklicht sich der Mensch in der arbeitenden Wechselwirkung (oder wie er auch sagt: im Stoffwechsel) mit der Natur, sie ist also das Material, an dem er sich verwirklicht. Wert entsteht auch bei Marx erst dadurch, dass der Mensch dem an sich »wertlosen« Rohstoff seine Arbeitskraft hinzufügt (Arbeitswerttheorie).[147]

Im letzten Jahrhundert bildete die Existenzphilosophie eine weitere große Welle des »kartesischen« Denkens. Diese Philosophie der Ungeborgenheit und Heimatlosigkeit sieht den Menschen in der Tat »geworfen« (wieder dieser Begriff!) in eine sinnlose, absurde Welt, in der er versuchen muss, Fetzen von Sinn zu stiften. Auch hier ist der zentrale Gedanke, dass das Dasein, das innere Wesen des Menschen, von einer ganz anderen Ordnung ist als die äußere Realität der Natur und der anonymen gesellschaftlichen Prozesse. In diese Richtung geht Sartres Charakterisierung des Menschseins als »Nichts« oder »Loch im Sein« gegenüber der

---

147 Selbst ein zeitgenössischer Philosoph wie Habermas konnte sich in seinem Werk *Erkenntnis und Interesse* (Suhrkamp, Frankfurt a.M. 1968) nur ein technisches Verhältnis zur Natur vorstellen.

massiven Wirklichkeit ohne Innenseite der Natur.[148] Wenn Sartre also den Existentialismus einen Humanismus nennt[149], so ist es wiederum ein Humanismus, der der Natur wesentlich fremd ist. Auch bei Jaspers spielt dieser Gegensatz von Innerlichkeit und Äußerlichkeit eine zentrale Rolle, etwa wenn er von der »Polarität von Natur und Geist« spricht und den Geist als das »intelligible Reale« gegen die Natur als das »unbegreifliche [d.h. dem Verstehen nicht zugängliche, vdW] Reale« stellt[150]. Die ganze Opposition von Natur- und Geisteswissenschaften, mit Erklären versus Verstehen als Grundprinzipien, hat übrigens denselben »kartesischen« Hintergrund.

Es handelt sich dabei immer um Variationen desselben Grundthemas, nämlich dass die menschliche Wirklichkeit, die durch Sinn und Zweck gekennzeichnet ist, von grundsätzlich anderer Natur ist als die sinn-, zweck- und wertlose Natur, die deshalb nicht von innen her verstanden, sondern nur von außen her kausal erklärt werden kann. Und wieder sehen wir dasselbe Motiv bei Rorty aufleuchten, wenn er sagt, dass es darum geht, mit den Dingen »poetisch« umzugehen, nämlich indem man ihnen seinen Stempel aufdrückt.

Nun, wenn dies die vorherrschende Vorstellung von Mensch und Natur ist, die auch die kollektiven Handlungsmuster in Bezug auf die Natur in der modernen Gesellschaft bestimmt, dann gibt es keine Verteidigung gegen einen ausbeuterischen Umgang mit der Natur. Es gibt keinen Grund, die Natur um ihrer selbst willen zu schonen, Tiere zum Beispiel mit Rücksicht und Sorgfalt zu behan-

---

148 Man denke zum Beispiel an die berühmte Szene mit der Kastanienwurzel in seinem Roman *La Naussée* (Der Ekel). Sartre beschreibt darin, wie der Protagonist der Geschichte, Antoine Roquentin, bei Nieselregen auf einer Bank im Stadtgarten von Bouville sitzt. Als er sich leicht nach vorne beugt, sieht er eine Kastanienwurzel, die unter der Bank verläuft. Im Angesicht »dieser schwarzen, knorrigen Masse, die völlig undurchdringlich war«, erfährt er sein völliges Anderssein und erlebt die Leere und Unsicherheit der menschlichen Existenz. In *Das Sein und das Nichts* wird er den Menschen als ein »Loch im Sein« und als »Nichts« bezeichnen.

149 Sartre, *L‹existentialisme est un humanisme,* Nagel, Paris 1966.

150 Karl Jaspers, *Philosophie,* Springer, Berlin 19563, Bd. I, S. 163.

deln, weil sie eigene Interessen und ein eigenes Wohlbefinden (›a good of their own‹) haben. Und wenn dennoch immer wieder eine Abneigung gegen die rohe und grausame Behandlung von Tieren und ihre totale Instrumentalisierung aufkommt – man denke an die weit verbreitete Unzufriedenheit mit der Bio-Industrie (Mastkälber etc.) und an die Proteste gegen die massenhafte »Räumung« von Rindern und Geflügel während der Maul- und Klauenseuche und der Vogelgrippe –, dann zeigt das, dass unsere Erfahrungspalette reicher ist als der vorherrschende Bezugsrahmen – das Leben ist mit anderen Worten stärker als die Lehre. Allerdings müssen diese Erfahrungen dann auch artikuliert werden, um eine echte Orientierung für unser Handeln zu bieten. Bleiben sie diffus, führt dies allenfalls zu Gefühlen des Unbehagens, die sich mitunter in mehr oder weniger massiven Protesten entladen, wie etwa zur Zeit der Maul- und Klauenseuche oder der Vogelgrippe. Das vorherrschende kartesische Denkschema hat sich jedoch als äußerst hinderlich für eine solche Artikulation unterdrückter oder marginalisierter Erfahrungen erwiesen.

Wenn es zutrifft, dass die moderne Gesellschaft in Theorie und Praxis stark von einem kartesianischen Realitäts- und Menschenbild geprägt war (und immer noch ist), und der Mainstream-Humanismus nach demselben Muster gestickt wurde, dann lautet die entscheidende Frage natürlich, ob der Humanismus als philosophische Bewegung unrettbar »kartesianisch« ist. Steht und fällt er mit einer dualistischen Sicht der Wirklichkeit, in der Mensch und Natur einander fremd und sogar feindlich gegenüberstehen, beiderseits einer tiefen Kluft? Und in der sich der Mensch, wie erwähnt, aufgrund ganz bestimmter, in der Natur völlig fehlender Eigenschaften das Recht einräumt, diese Natur ganz für seine Zwecke zu instrumentalisieren und auszubeuten, mit allen inzwischen immer deutlicher werdenden negativen Folgen? Oder ist ein Humanismus denkbar, der nicht von einer solchen Haltung der »Arroganz gegenüber der Natur« geprägt ist, um einen Ausdruck von Wouter Achterberg zu verwenden? Ein Humanismus also, der in der Mensch-Natur-Beziehung nicht in erster Linie das Moment der Distanz und der Differenz oder gar der Bedrohung und des

Kampfes betont – in diesem Fall kann die Haltung des Menschen in der Tat keine andere sein als die der Zähmung, der Kontrolle und der Ausbeutung. Aber ein Humanismus, der in erster Linie von einem Gefühl der Verbundenheit, der Verwandtschaft oder auch der Partnerschaft und sogar der Teilhabe geprägt ist – was übrigens den Aspekt der Bedrohung und der Nützlichkeit nicht leugnet, ihn aber stark relativiert. Meine These lautet nun in der Tat, dass ein solcher anderer, naturfreundlicher Humanismus aus guten Gründen vertretbar ist.

Das Konzept des Humanismus neu kalibrieren

Wenn ich im Folgenden für eine solche Neukalibrierung des Humanismuskonzepts plädiere – er bleibt also eine Form des Humanismus, wir können einfach nicht außerhalb unserer Schuhe stehen –, dann kann dies angesichts des zuvor Gesagten nur eine ziemlich radikale Veränderung des vorherrschenden Natur- und Menschenbildes bedeuten. Dazu gibt es auch allen Grund. Denn sowohl aus wissenschaftlicher als auch aus philosophischer Sicht sind die Fundamente dieses vorherrschenden Natur- und Menschenbildes eingerissen. Und auch aus der Sicht der Alltagserfahrung wird ihr kontraintuitiver und unglaubwürdiger Charakter (der schon immer diffus empfunden wurde) immer deutlicher.

Um mit Letzterem zu beginnen: Auf der Ebene der Lebenswelt hat man wohl nie ernsthaft geglaubt, dass Tiere lediglich subtil gebaute Automaten ohne Innerlichkeit, Emotionen und Schmerz sind (dazu muss man nicht einmal ein ausgesprochener Tierliebhaber sein); auch nicht, dass die Natur lediglich ein Lagerhaus von Ressourcen ist. Fast durchgängig ist man der Meinung, dass Tiere nicht nur als Dinge, sondern als Wesen mit eigenen Bestrebungen und Interessen zu betrachten sind, die also, wie gesagt, »ein eigenes Gut« besitzen und mit denen (zumindest bei den so genannten höheren Tieren) Interaktion und Kommunikation und sogar eine affektive Bindung möglich ist. Und zahllos, in erster Linie natürlich in der Naturlyrik, aber darüber hinaus in allen möglichen Zusammenhängen, sind die Äußerungen des Überwältigtseins von der Schönheit und Erhabenheit der Natur. Angesichts dieser Erfahrungen ist das Verhältnis von Mensch und Natur nicht so sehr eines der Distanz und Fremdheit (obwohl es diese Erfahrung durchaus gibt), sondern vielmehr eines der Verbundenheit mit und des Eingebundenseins in der Natur. Das bedeutet sofort aber auch, dass eine Lebensanschauung, die den Menschen außerhalb und über die Natur stellt und ihm auf dieser Grundlage das Recht einräumt, mit ihr in einer Weise umzugehen, in der nur menschliche Ziele und Interessen zählen, unglaubwürdig ist.

Diese Schlussfolgerung wird durch eine Reihe von konvergierenden Entwicklungen in den Wissenschaften bestätigt, durch die die einzigartige Stellung des Menschen in der Realität fragwürdig geworden ist. Bekannt ist die Aussage, dass seit Kopernikus die Erde und damit der Mensch seinen räumlich zentralen Platz im Universum verloren hat (die moderne Astronomie hat diese Marginalisierung in unvorstellbarem Ausmaß verstärkt); dass Darwin die Einzigartigkeit des Menschen angetastet hat, indem dieser sich, wie alle anderen Lebensformen, als Produkt des evolutionären Lebensprozesses erwies; und dass Freud den Menschen in erster Linie als triebgesteuertes Wesen darstellte und ihn damit von seinem Sockel als vernünftige und autonome Person stürzte. Mit diesem Prozess der fortschreitenden Entmythologisierung und Naturalisierung, der die Idee des Menschen als vernünftiges und moralisches Selbst zunehmend demontierte, wurde dem arroganten Anthropozentrismus der modernen Philosophie und Gesellschaft der Boden entzogen. Das gilt dann auch, so muss man folgern, für den Humanismus in seiner üblichen Form. Denn auch dieser beruht, wie bereits erwähnt, auf der Idee einer privilegierten Stellung des Menschen aufgrund ganz bestimmter, nur dem Menschen zukommender Eigenschaften, die ihn daher für die Zuschreibung einer angeborenen (»intrinsischen«) Würde qualifizieren. Da allen zur Natur gehörenden Entitäten (Tiere, Pflanzen, Ökosysteme, Landschaften usw.) diese spezifisch menschlichen Eigenschaften fehlen, haben sie diesem Gedankengang zufolge auch keinen Wert an sich, sondern erlangen ihn erst durch eine Wertzuschreibung seitens des Menschen als einziger Wertquelle der Welt. In dem Maße, wie dann, wie bereits erwähnt, der Mensch naturalisiert wird, da in und hinter den sogenannten einzigartigen menschlichen Eigenschaften natürliche, d.h. auch sonst in der Natur vorkommende Faktoren entdeckt werden, entfällt auch die Grundlage für den menschlichen Anspruch auf eine einzigartige Stellung und eine ihm allein zukommende Würde.

Antikartesianische Entwicklungen in der Philosophie

Auch in der neueren Philosophie gibt es Entwicklungen, die in die gleiche Richtung weisen.[151] Von diesen möchte ich jetzt nur die Auffassung der Wahrnehmung und Leiblichkeit des französischen Philosophen Merleau-Ponty erwähnen.[152] Gegen die kartesianische Tradition in der modernen Philosophie, die von Descartes über Kant und viele andere bis zu Husserl, Sartre und Habermas im zwanzigsten Jahrhundert reicht, zeigt er, dass das Subjekt kein unkörperliches, rein geistiges und frei schwebendes Subjekt ist. Im Gegenteil ist es immer schon ein leibhaftiges Subjekt, das ganz in die umgebende Wirklichkeit eingetaucht und mit ihr verflochten ist. Mit dieser Umgebung steht es in ständiger Kommunikation; die Wahrnehmung, die Grundtätigkeit dieses »Leib-Subjekts«, wie Merleau-Ponty es nennt, *ist* dieser intime Verkehr mit der Umwelt. Auf dieser Grundlage einer »primordialen« (ursprünglichen) Bekanntschaft mit den Dingen ruht dann

---

151 Bei der Suche nach Belegen für ein anderes Verhältnis zwischen Mensch und Natur beschränke ich mich in diesem Kapitel auf neuere Entwicklungen in der Philosophie sowie auf Erfahrungen aus der Lebenswelt und moderne wissenschaftliche Erkenntnisse. Darüber hinaus könnte viel Material aus Literatur und Kunst herangezogen werden.

152 Siehe insbesondere seine *Phénoménologie de la perception*, Gallimard, Paris 1945 (deutsche Übersetzung von Rudolf Boehm unter dem Titel *Phänomenologie der Wahrnehmung*, De Gruyter, Berlin 1966).

jede Form einer objektiveren und distanzierteren Beziehung zur Wirklichkeit. Mit anderen Worten: Es gibt eine vorreflexive und vorbegriffliche ursprüngliche Vertrautheit mit der Wirklichkeit, die jeder diskursiven und reflexiv-bewussten Beziehung zu ihr vorausgeht. Beziehungsweise: Was in der dualistischen kartesianischen Sicht der Dinge als die grundlegendste Ebene gilt, entpuppt sich bei näherer Betrachtung allenfalls als die vorletzte Ebene, die noch auf einer tieferen, vordualistischen Schicht ruht.[153]

Auf der letztgenannten Ebene sind beispielsweise Raum und Zeit noch keine abstrakten Größen wie in mathematischen oder physikalischen Theorien, sondern ganz konkrete Erfahrungen der Positionierung meines Körpers im Verhältnis zu anderen Objekten, nah oder fern, vor oder hinter mir. Situationen haben auf dieser Ebene noch ihre ganz eigene reiche Palette an Qualitäten: Formen, Farben, Geräusche, Gerüche mit ihrer emotionalen Färbung, kurzum mit der gesamten Erlebnisqualität dieser Situation. Darüber hinaus haben diese Situationen immer schon einen bedeutungs- und wertgeladenen Charakter, so dass diese Werte und Bedeutungen nicht von einem über der Situation schwebenden Subjekt einer noch unbeschriebenen Realität zuerkannt werden. Wahrnehmung hat also »immer schon« von sich aus eine ästhetische, moralische und spirituelle Dimension, die nur, wie oben erwähnt, noch nicht diskursiv unterschieden und artikuliert wird. Und aufgrund ihrer unmittelbar intuitiven Natur ist diese primäre Wahrnehmung durch und durch »poetisch«. Es ist charakteristisch für die Poesie, dass sie die Position des Teilnehmers einnimmt, dass sie die Erfahrung des unmittelbaren Kontakts mit den Dingen und Situationen zum Ausdruck bringt.

Nun, das leibliche Subjekt nimmt, wie gesagt, aus dem unmittelbaren Verkehr mit den Dingen heraus wahr, indem es immer schon in ein Beziehungsgeflecht mit der Umgebung verwoben ist. Partizipation, die aller distanzierenden Vergegenständlichung

---

[153] Siehe in diesem Zusammenhang auch Michael Polanyi, *Personal Knowledge. Towards a Post-Critical Philosophy,* The University of Chicago Press, Chicago 1958; derselbe, *The Tacit Dimension,* Doubleday, Garden City 1966 (Neuauflage 1983).

vorausgeht, ist also das Grundmerkmal unserer Wahrnehmung, die als eine Art stummes Gespräch mit den Dingen verstanden werden kann. Dementsprechend wird die Wirklichkeit vor allem als eine expressive, sprechende Wirklichkeit erlebt, eine Wirklichkeit also, *über die* zunächst nicht, sondern *mit der* gesprochen und umgegangen wird. Mit anderen Worten: Die Wirklichkeit hat in erster Linie einen Du- und nicht einen Es-Charakter; das Verhältnis zu ihr ist in erster Linie symbiotisch und sympathisch. Es ist daher alles andere als ein Zufall, dass das Realitätsbild vieler (fast aller?) Kulturen »animistisch« ist. Und die Konsequenz daraus ist, dass auch »wir Modernen« auf der Ebene der unmittelbaren Lebenserfahrung immer noch »Animisten« sind.

Merleau-Pontys Philosophie der Wahrnehmung ist nun aus zwei Gründen interessant. Erstens, weil er, wie angedeutet, zeigt, dass der kartesianische Dualismus von Geist und Natur nicht das letzte Wort sein kann. Der lebendige, wahrnehmende Leib gehört einerseits zur Welt dessen, was sich als »Ding« oder »Objekt« äußerlich wahrnehmbar zeigt und gleichzeitig Subjektcharakter hat, wahrnimmt, kommuniziert, handelt usw. Der lebende Leib kann also nicht in einem Bezugsrahmen verstanden werden, der in sich gegenseitig ausschließenden Kategorien von Subjekt oder Objekt bzw. Geist oder Natur denkt. Es stellt sich anders gesagt heraus, dass der Geist, der wahrnimmt, denkt usw., immer verkörpert ist und sich nur in der Sphäre eines zur Natur gehörenden Mediums manifestiert. Soweit scheint die Geschichte dem zu entsprechen, was oben die Naturalisierung des Subjekts oder die Entmythologisierung der menschlichen Person genannt wurde. Doch – und das ist insbesondere der Grund, warum Merleau-Pontys Philosophie so interessant ist – wenn er die aus kartesischer Sicht undurchlässige Mauer zwischen Geist und Natur permeabel macht (was also als Reduktion des Geistes auf die Natur interpretiert werden könnte), zeigt er gleichzeitig, dass die Wahrnehmung aus sich heraus immer schon eine ästhetische, moralische oder spirituelle, kurzum eine normative oder ideelle Dimension besitzt. Geist, Subjekt, Person usw. begegnen uns somit nicht nur nie anders als in verkörperter, »inkarnierter« Form, sondern umgekehrt führt die Permeabilität der Mauer zwischen Geist und Natur zu der Vorstellung, dass die Natur ihrerseits einen »geistigen« Aspekt haben könnte, der sich zwar in unterschiedlichem Maße offenbart, aber dennoch.

In der Tat gibt es eine Reihe von Gründen, die für diese Überlegungen sprechen. Zunächst einmal hat die Tierverhaltensforschung der letzten Jahrzehnte deutlich gemacht, dass höhere Tiere (Menschenaffen, Elefanten, Delphine, Wale usw., aber wie weit reicht das »nach unten«?) eine Reihe von Eigenschaften besitzen, die wir lange Zeit als mehr geistige Merkmale für den Menschen reserviert hatten, wie z. B. Bewusstsein, Selbsterkenntnis und Identitätsgefühl, Emotionen, Sprache, Kooperation und gegenseitige Hilfe, Versuche, Konflikte zu lösen und den Frieden zu erhalten oder wiederherzustellen, Führungsqualitäten und verschiedene Formen von Altruismus und Fürsorge für andere.[154] Erst kürzlich wurde im Fernsehen gezeigt, wie der Anführer einer Schimpansengruppe seine Horde wie ein Wachposten über eine gefährliche Lichtung lenkte und, nicht ohne sein eigenes Leben zu riskieren, nicht eher im Wald verschwand, als es ihm gelang, den Letzten der Gruppe in Sicherheit zu bringen. Und es ist bekannt, wie Elefanten um den Leichnam eines Artgenossen trauern, wie Hunde nach dem Tod ihres Herrchens verschmachten und ihr Futter nicht mehr anrühren, wie also eine Emotion wie »Trauer« an die Stelle sogenannter Primärtriebe wie Hunger tritt. Auch im Tierreich gibt es also auf breiter Front, wenn auch in unterschiedlichem Ausmaß, Eigenschaften, die als Merkmale der Subjekthaftigkeit gelten können.

---

154 Siehe hierzu u. a. Johan Braeckman, »Altruism from the Hymenoptera to the naked mole rat«, in: *Jenseits von Gut und Böse*, Katalog Ausstellung Museum Dr Guislaan, Gent 2006, S. 35–37. Zu solchen Formen der Proto-Moral siehe z. B. Peter Kropotkin, *Mutual Aid. A Factor of Evolution*, Extending Horizon Books, Boston 1955 (1902); Frans de Waal, *The Age of Empathy: Nature's Lessons for a Kinder Society*, 2009.

Der Selbstcharakter des Lebens

Noch einen Schritt weiter geht dann Hans Jonas[155] in seiner, wie ich finde, durchaus plausiblen Philosophie des Organischen. *Alles* Leben – also nicht nur das von Menschen und (höheren) Tieren – ist seiner Ansicht nach durch die Grundeigenschaft der Freiheit gekennzeichnet. Damit ist gemeint, dass sich der Organismus von der ihn umgebenden Wirklichkeit unabhängig macht, dass er eine eigene Identität *gegenüber* dieser Umwelt annimmt, sich selbst zu organisieren beginnt, kurzum, Selbstcharakter annimmt. Auf diese Weise ist diese Identität des Organismus dynamisch und aktiv: Da der Organismus als stoffwechselndes System von der Umwelt abhängig bleibt, erfordert seine Selbständigkeit eine ständige Anstrengung bzw. Aktivität.

Mit dieser ersten Stufe der Unabhängigkeit von der Außenwelt wird dann eine Reihe aufsteigender Formen der Freiheit eingeführt, die über die Empfindung, die Bewegung, den Affekt, die Wahrnehmung, die Vorstellung bis zum Denken reicht. Es handelt sich dabei immer um Formen der »Subjektivität«, der Einnahme einer Innenperspektive in Bezug auf die Außenwelt. Mit dem Leben tritt also eine Wirklichkeitsdimension, die der Innerlichkeit, in die Welt, die dem Anorganischen fremd ist. Dort herrscht nur ein äußeres und passives Prinzip der Identität, die Tatsache, dass ein bestimmtes Stück Materie einen bestimmten Platz in Raum und Zeit einnimmt. Im Falle des Lebens hingegen wird die Identität durch ein *inneres* Prinzip oder ein »Selbst« konstituiert – von diesem Begriff des »Selbst« sagt Jonas, dass er »unvermeidlich in der Beschreibung selbst des elementarsten Falles des Lebens« ist.[156] Kurz gesagt, Jonas' Gedankengang stimmt darin mit dem von Merleau-Ponty überein, dass es eine Art von »Dingen« in der Welt gibt, die gleichzeitig Subjekt-Charakter haben (das »Leib-

---

155 Siehe insbesondere *Das Prinzip Leben. Ansätze zu einer philosophischen Biologie*, Suhrkamp, Frankfurt a.M. 1997. Siehe auch meinen Artikel »Hans Jonas' Philosophie des Organischen«, in: *Philosophie*, Jg. 12 Nr. 3 (2002), S. 4–10.
156 Jonas, *a.a.O.*, S. 155.

Subjekt«). Aber er dehnt diese Linie auf den gesamten Bereich des Organischen aus: *Alles*, was lebt, ist ein Körper mit Subjektcharakter – wenn auch, wie gesagt, in sehr unterschiedlichem Maße. Mit anderen Worten: Nicht nur die menschliche Realität, sondern die gesamte Realität des Lebendigen kann nicht auf kartesianische Weise verstanden werden.

Aber vielleicht können wir noch einen Schritt weiter gehen. Dazu greife ich noch einmal auf die Systemtheorie zurück. Alles, was existiert, hat Struktur oder Systemcharakter. Es besitzt, um es anders auszudrücken, eine mehr oder weniger komplexe Konfiguration – es gibt wahrscheinlich überhaupt keine nicht-komplexen, vollkommen einfachen Systeme. Konfigurationen, also Muster der Organisation von Dingen, bestimmen ihre Eigenschaften. Mit zunehmender Komplexität der Systeme ändern sich also auch ihre Eigenschaften. Wir sehen nun in der Realität »Schichten« mit für sie charakteristischen Eigenheiten. Es muss auf der Erde einen »evolutionären« Prozess hin zu immer komplexeren Systemen gegeben haben, bei dem durch Transzendieren von kritischen Schwellenwerten sprunghaft neue Phänomene mit neuen, auf der vorherigen Ebene unbekannten Eigenschaften entstanden – der Begriff »Emergenzen« wird hierfür üblicherweise verwendet. Diese neuen Phänomene und Eigenschaften müssen jedoch in Form von Dispositionen in der Realität vorhanden gewesen sein, die erst sichtbar wurden, als diese Dispositionen durch das Überschreiten bestimmter Komplexitätsschwellen und das Entstehen neuer Konfigurationen die »Gelegenheit« erhielten, sich zu verwirklichen.

Rückblickend, d.h. nach Überschreiten der Schwelle, wird es nun regelmäßig möglich sein, »Spuren« der neuen Phänomene und Eigenschaften schon auf der niederen Ebene zu erkennen, die aber erst im Lichte der Verwirklichung des Neuen als solche verstanden werden können. So gibt es Grund, »subjektähnliche« Merkmale bereits auf Ebenen unterhalb der Lebensphänomene zu finden – man denke an Selbstorganisation, Offenheit, Aktivität, Spontaneität und möglicherweise sogar Zielgerichtetheit. So sagt der deutsche Kernphysiker Hans-Peter Dürr – ich zitiere ihn noch einmal wegen der Wichtigkeit der Aussage –, dass die moderne Physik die physikalische Realität eher in Begriffen der Potentialität als dinghafter Realitäten denkt. »Potentialität«, fährt er dann fort, »hat eher etwas von der Offenheit und Vielfältigkeit des Lebendigen.« Mit dem Auftauchen des Lebens erscheint nicht plötzlich etwas völlig Neues, sondern belebte und unbelebte Wirklichkeit sind in dieser Optik »nur verschiedene Strukturen derselben Materie (…), einer Materie aber, die im Grunde ja gar keine Materie [im gängigen Sinne, vdW] (ist), sondern, wie es die moderne Physik schon andeutet, mehr einer ›embryonalen‹ Form des Lebendigen gleicht. So betrachtet, spiegelt die lebendige Form die Grundstruktur der Wirklichkeit besser wider.«[157] Und Dürrs Physiker-Kollege Pascual Jordan schreibt, dass »die Physik uns innerhalb der rein physikalischen Vorgänge, die noch gar nichts mit organischem Leben zu tun haben, bereits beweisbare Spontaneität« zeigt, eine Spontaneität (als physikalische Tatsache also), die sich dann in lebenden Organismen »verstärkt entfaltet«.[158]

Dies alles berücksichtigend, kann die Schlussfolgerung nicht anders lauten, als dass die kartesische Konzeption der Realität mit ihrer scharfen Trennung von Geist (Mensch) und Natur, mit all ihren Implikationen, ein sehr unplausibles Modell zur Interpretation unserer Erfahrung ist. Wir leben nicht in einer Welt toter, passiver Dinge ohne Innerlichkeit, Wert und Streben, in der der Bereich des Geistes mit all seinen Eigenschaften wie Subjektivität, Innerlichkeit, Aktivität, Spontaneität und Wertorientierung eine ganz andersartige Enklave darstellt. Im Gegenteil, wir leben in einer offenen, dynamischen und schöpferischen Wirklichkeit, in der sich ständig neue Ordnungsformen und neue Arten von Phäno-

---

157 Hans-Peter Dürr, »Wirklichkeit des Lebens«, in: Hans-Jürgen Fischbeck (Hg.), *Leben in Gefahr? Von der Erkenntnis des Lebens zu einer neuen Ethik des Lebendigen,* Neukirchen- Vluyn 1999, S. 11 ff. Siehe auch Dürrs Artikel »Ist Biologie nur Physik?«, *Universitas,* 1997/1, S. 1–15 (eine Frage, die er als Kernphysiker mit nein! beantwortet).

158 Pascual Jordan, »Die weltanschauliche Bedeutung der modernen Physik«, in: H.-P. Dürr (Hg.), *Physik und Transzendenz. Die großen Physiker unseres Jahrhunderts über ihre Begegnung mit dem Wunderbaren* (siehe Anm. 94), S. 223 ff.

menen entwickeln. Mit einer so verstandenen Natur kann sich der Mensch auch wieder verbunden und vertraut fühlen – ein Gefühl, das vielleicht nie wirklich verschwunden war, dem aber durch eine einäugige und stark verzerrte Philosophie als Ausdruck einer bestimmten kulturellen Entwicklung die Legitimationsgrundlage entzogen wurde. Wenn nun anerkannt wird, dass diese Philosophie der Wirklichkeit nicht entspricht, bedeutet dies, dass die Natur nicht länger als Inventar reiner Gebrauchsgegenstände betrachtet und behandelt werden kann, sondern dass sie in erster Linie unter dem Aspekt des Miteinanders, als ein Verband von Mitgeschöpfen, wenn auch in unterschiedlichem Verwandtschaftsgrad, verstanden wird. Im Vergleich zum modernen (kartesianischen) Selbstverständnis des Menschen verlangt dies dann zugleich nach einem neuen Selbstverständnis und damit nach einer neuen Färbung des Humanismusbegriffs.

Ich habe bereits die Aussagen von Dürr und Jordan zitiert, wonach die belebte und die unbelebte Wirklichkeit unterschiedlich strukturierte Erscheinungsformen ein und derselben »materiellen« Wirklichkeit sind, wobei subjektähnliche Qualitäten bereits auf der niedrigeren Organisationsebene zu finden sind und sich auf der höheren Ebene verstärkt entfalten. Eine analoge Beobachtung lässt sich für die Ebene des Menschen (die Ebene mit dem höchsten uns bekannten Organisationsgrad) im Vergleich zur Ebene des Tieres machen. Einerseits teilt der Mensch – wie bereits erwähnt – eine beträchtliche Anzahl von Merkmalen insbesondere mit höheren Tierarten. Andererseits besteht kein Zweifel daran, dass die Evolution mit dem Aufkommen des Menschen einen Mutationssprung gemacht hat. Dazu braucht man nur an die menschliche Sprache als ein dicht gewobenes System von Begriffen, Metaphern, Redewendungen usw. zu denken. Und an die Tatsache, dass der Mensch in einem »symbolischen Universum« lebt, das seinen Umgang mit der Wirklichkeit (mit)bestimmt. Nicht zuletzt verändert und gestaltet er auch seine Umwelt in einer mit anderen Lebensformen nicht vergleichbaren Weise.

Offenheit als Merkmal des Menschseins

Hans Jonas – in diesem Zusammenhang doch ein unverdächtiger Denker, weil er sich entschieden gegen den vorherrschenden »kartesischen« Dualismus der modernen Philosophie wendet und die Evolution des Lebens als ein Wachstum hin zu immer ausgeprägteren Formen der Subjektivität oder des Selbstseins sieht – ist in der Tat der Meinung, dass sich die menschliche Freiheit qualitativ von der des Tieres unterscheidet. Er demonstriert die »transanimalische« Natur des Menschseins insbesondere an drei Phänomenen: dem Werkzeug, dem Bild und dem Grab.[159] Schon das menschliche Werkzeug, ein bewusst hergestelltes Ding, das ein Verlängerungsstück des Körpers ist und zwischen diesem und der Außenwelt vermittelt, unterscheidet sich in seiner Raffinesse von den tierischen Werkzeugen, vor allem, wenn es sich um Werkzeuge zweiter Ordnung handelt: Werkzeuge, um Werkzeuge herzustellen. Hier ist der Bezug zum Objekt bereits sehr indirekt, beim Bild ist dies in noch stärkerem Maße der Fall: Es ist biologisch nutzlos. Und noch einen Schritt weiter geht es mit dem Grab: Nur beim Menschen gibt es die biologisch gesehen völlig sinnlose Praxis, die Toten zu bestatten. Es zeugt davon, dass der Mensch sich Fragen stellt wie: Wer bin ich? Wo komme ich her? Wohin gehe ich? Mit anderen Worten, dass er über seine eigene Existenz und Situation nachdenkt.

Damit macht die Subjektivität und Freiheit auf der menschlichen Ebene, wie oben erwähnt, einen qualitativen Sprung: Sie wird nicht mehr einfach aus dem eigenen Zentrum heraus ausgeübt, sondern erhält die Möglichkeit, gleichsam aus einer Position außerhalb des eigenen Zentrums in Beziehung zu sich selbst zu treten. Helmuth Plessner charakterisierte daher die menschliche

---

[159] Hans Jonas, »Werkzeug, Bild und Grab. Vom Transanimalischen im Menschen«, in: id, *Philosophische Untersuchungen und metaphysische Vermutungen*, Insel, Frankfurt a.M. 1992, S. 34–49.

Seinsweise durch ihre »exzentrische Positionalität«[160] im Gegensatz zur zentrischen Positionalität des Tieres. Damit erhält die menschliche Subjektivität und Freiheit das Merkmal der Offenheit: Sie wird nicht mehr nur durch den eigenen Standpunkt und das eigene Interesse bestimmt, sondern auch durch die Fähigkeit, sich von außen zu betrachten und sich in Andere und deren Denk- und Erfahrungswelten hineinzuversetzen. Auf diese Weise tritt »Uneigennützigkeit«, bzw. ein besonders menschlich gefärbter ›Altruismus‹ in Erscheinung, d.h. ein Interesse an einer anderen Person oder Sache um dieser anderen Person oder Sache selbst willen. Eine ganze Reihe von Eigenschaften, die für das Humanum, das Menschliche im Menschen, typisch sind, sind damit verbunden: Sorge, Mitgefühl, Fürsorge, Respekt, Hingabe, Zuwendung und Anerkennung, Sympathie, Freundschaft, Liebe. Fürs Protokoll: Das soll natürlich nicht heißen, dass der (ideale) Mensch rein altruistisch, selbstlos, fürsorglich usw. ist. Er ist auch Interessent, selbstbezogen, auf die Erfüllung seiner eigenen Bedürfnisse, Wünsche, Bestrebungen, kurz gesagt auf die Förderung seines eigenen Wohlbefindens ausgerichtet. Er ist mit anderen Worten auch »zentrisch«. Aber, und das ist der springende Punkt, er ist gleichzeitig »exzentrisch«, offen und empfänglich für den Anderen und das Andere, wenn auch mit einer begrenzten Offenheit und Empfänglichkeit.

Weil die Subjektivität, zumindest auf der menschlichen Ebene, den Charakter hat, für das Schicksal des Anderen offen zu sein und sich dafür zu interessieren, besitzt der Mensch auch ein Verantwortungsbewusstsein für das Sein und Wohlergehen seiner Mitmenschen und anderer Mitbewohner dieses Planeten. Dieses Bewusstsein ist auch die beste Grundlage für einen schonenden Umgang mit der Natur, mehr noch als der menschliche Eigennutz, der ihm gebietet, seine Umwelt vernünftig zu behandeln, weil er sonst den Ast absägt, auf dem er selbst sitzt. Da der Naturschutz

---

160 Helmuth Plessner, *Die Stufen des Organischen und der Mensch,* De Gruyter, Berlin/Leipzig 1928, 288ff; derselbe, »Conditio humana«, in: *Die Frage nach der Conditio humana,* Suhrkamp-Verlag 1976. .

in diesem Fall nicht durch ein Interesse (»Liebe«) für die Natur selbst, sondern nur durch menschliche Bedürfnisse und Wünsche motiviert ist, wird er auch nicht über das hinausgehen, was der Mensch für sich selbst wichtig findet. Damit wären wir aber wieder bei einer geschlossenen Freiheit, in der die Menschen nur von ihrem eigenen Standpunkt aus denken. Und die eminent menschliche Möglichkeit, sich für den Anderen, in diesem Fall die Natur, positiv zu interessieren, würde vernachlässigt.

Die moderne Gesellschaft und Kultur sind sehr stark von einer geschlossenen Freiheit geprägt, in der Jeder in erster Linie auf sein eigenes Wohl und seinen eigenen Erfolg bedacht ist. Im Mainstream-Humanismus spiegelt sich dies in der zentralen Rolle des Autonomiekonzepts im Sinne der Selbstbestimmung des souveränen Individuums wider, das Herr über sein eigenes Leben ist. An anderer Stelle[161] habe ich für eine Rekalibrierung (d. h. nicht Abschaffung) des Autonomiekonzepts plädiert, indem es relational und sozial gefärbt wird. Durch eine Verlagerung, mit anderen Worten, des Schwerpunkts von der geschlossenen Freiheit der Beschäftigung mit den eigenen Bedürfnissen, Wünschen und Bestrebungen zu einer offenen Freiheit in positiver Interaktion und Kommunikation. Dies betrifft dann die zwischenmenschlichen Beziehungen und all solche Phänomene wie Zusammenarbeit, konstruktive Gespräche, gegenseitige Anregung, gegenseitiges Vertrauen, Freundschaft usw., die Teil einer Freiheit sind, die gemeinsam mit der des Anderen erworben wurde (und nicht die geschlossene Freiheit, die auf Kosten des Anderen erobert wird).

Ich möchte diese Linie nun auf die Natur ausdehnen. Wenn wir die Wirklichkeit als von einem Trend zu immer höheren Organisationsmustern mit immer höheren Subjektivitäts- und Freiheitsgraden durchdrungen begreifen und den Menschen als Teilnehmer an diesem wunderbaren, schöpferischen und dynami-

161 »Autonomie mit menschlichem Antlitz. Plädoyer für ein relationales Freiheitskonzept«. In: Esther de Wit et al, *De autonome mens. Nieuwe visies op gemeenschappelijkheid* (Jubiläumsanthologie des Humanistischen Verbunds), SUN, Amsterdam 2007, 83–93.

schen Universum, dann ist es auch hier in erster Linie eine offene und fürsorgliche Haltung, die unserem Menschsein entspricht. So wie ein von Offenheit und Beziehungsfähigkeit geprägtes Menschenbild der Abkühlung und Verhärtung der zwischenmenschlichen Beziehungen in der heutigen Gesellschaft entgegenwirken kann, so kann es auch dazu beitragen, das moderne Verhältnis der Entfremdung zwischen Mensch und Natur aufzubrechen. Mit anderen Worten: Menschlichkeit und ein positives Verhältnis zur Natur können durchaus Hand in Hand gehen, besser noch: gut verstanden gehören sie sogar zusammen. Damit ist zugleich gesagt, dass die Idee eines naturfreundlichen Humanismus nichts Künstliches an sich hat, sondern im Gegenteil direkt mit einem Menschenbild in der Tonart der Offenheit zusammenhängt, wie ich es vorhin vertreten habe.

Nachwort

In diesem Buch bin ich von der Vermutung ausgegangen (eine Vermutung, die ich, wie ich glaube, mit vielen Anderen teile), dass es einen Zusammenhang zwischen der Art und Weise, wie die moderne Gesellschaft organisiert ist und funktioniert, und dem modernen Umweltproblem gibt (zu seiner Besonderheit siehe die Einleitung). Nun gibt es viele Arten von Zusammenhängen, von oberflächlich bis eng. Die vorher genannten Analysen in diesem Buch legen nahe, dass es sich bei dem genannten Zusammenhang um eine enge Verbindung handelt.

Die Strategie des Buches bestand darin, die basale Struktur und die Grundzüge der modernen Gesellschaft aufzudecken, oder zumindest einen Versuch dazu zu machen, um dann zu dem Schluss zu kommen, dass eine solche Gesellschaft kaum anders konnte, als ein Umweltproblem zu entwickeln, wie wir es heute kennen. Die Schlussfolgerung kann dann nur lauten, dass ein wirkliches Angehen des Nachhaltigkeitsproblems im Rahmen der gängigen modernen Gesellschaft ein aussichtsloses Unterfangen ist – zu diesem Schluss bin ich in den vorangegangenen Kapiteln mehrfach gekommen. Wir sehen auch, dass alle eingreifenderen Maßnahmen an gesellschaftlichen Gegenkräften scheitern und ihnen so der Schwung genommen wird. Und das, während unser irdisches Haus in Flammen steht und wir von einer Naturkatastrophe nach der anderen aufgeschreckt werden. Kurzum: Halbheiten, Hinausschieben, Flickschusterei und Schweigen bringen uns nicht weiter. So ist es inzwischen ziemlich deutlich, dass die globale Erwärmung mit all ihren Folgen nicht auf eineinhalb Grad begrenzt werden kann, wie es im Pariser Abkommen festgelegt wurde. In der Tat wird es immer wahrscheinlicher, dass selbst eine Obergrenze von zwei Grad nicht erreicht werden wird. Nochmals: Korrigieren innerhalb der etablierten Rahmen, überall den Sachen die Spitze nehmen, uns für die Rettung all der gefährdeten Pflanzen- und Tierarten, Ökosysteme und Naturräume einsetzen (bei all diesen Rettungsaktionen gehen uns allmählich die Hände aus, auch wenn all die lobenswerten Initiativen ohne weiteres fortgesetzt werden müssen), – Tatsache ist, dass dies das eigentliche Problem nicht wirklich löst.

Wir brauchen somit radikalere Maßnahmen. Wenn die in diesem Buch gestellte Diagnose unserer gegenwärtigen Situation zutrifft, müssen die darin bestehen, die Einrichtung und Funktionsweise des vorherrschenden sozialen Systems zu ändern, denn darin liegt, wie dargelegt, letztlich die Ursache der Umweltkrise.

Haben wir dann aber eine Ahnung davon, was damit gesagt sein kann? Und abgesehen davon: Ist der Durchführbarkeitsfaktor, wenn überhaupt, nicht praktisch gleich Null? Gegenfrage: Haben wir eine Wahl, wenn wir nicht wollen, dass unser Planet ein für viele Pflanzen- und Tierarten und nicht zuletzt für den Menschen unbewohnbarer Ort wird? Wir könnten dann verzweifelt die Hände in den Schoß legen, während klar ist, was das bedeutet. Aber wir können auch all unsere Ressourcen an kreativer Vorstellungskraft, Willenskraft, Beharrlichkeit und dergleichen mobilisieren, um Entwürfe einer neuen, ansprechenden Geschichte in die Welt zu setzen, eine neue Geschichte der Erde, aber vor allem auch einer nachhaltigeren und humaneren menschlichen Gesellschaft.

Ich habe volles Verständnis für die tiefen Zweifel, die diese Ideen bei vielen hervorrufen werden, sie leben nicht weniger bei einer der beiden Seelen, die in meiner Brust wohnen. Schließlich ist eine Gesellschaft, insbesondere auch die unsere, ein eng geknüpftes Netz von ineinandergreifenden Faktoren (Interessengruppen, High-Tech-Unternehmen, multinationale Konzerne, internationale politische Beziehungen, nationale Sentimente usw.). Aber noch einmal: Haben wir eine Wahl, wenn wir unsere Situation mit offenen Augen und so unvoreingenommen wie möglich betrachten? Wohnt in unserer Brust nicht auch diese andere Seele, Trägerin der Hoffnung und der Willenskraft, nicht aufzugeben? Und kennen wir nicht aus der Geschichte mehrere Beispiele für Durchbrüche, bei denen etwas völlig Neues entstanden ist, das niemand, vor allem nicht die »Realisten«, vorausgesehen hatte und mit dem Wissen um die gegebene Situation auch nicht hätte voraussehen können? Die Situation hatte offensichtlich Möglichkeiten in sich, mit denen niemand gerechnet hatte. Warum also nicht jetzt?

Der Übergang zu einer nachhaltigen Gesellschaft wird, so viel ist sicher, eine Mammutaufgabe sein, denn er rührt an die Grundfesten des derzeitigen Systems. Vieles von dem, was direkt damit zusammenhängt, werden wir bei diesem Übergang zurücklassen müssen. Es wird ohnehin ein großes Rätsel werden, wovon wir uns verabschieden müssen und was wir in welcher Form mitnehmen können. Das kann aber kein Hindernis sein, den Übertritt trotzdem zu wagen – wir werden übrigens schon müssen. Aber wenn wir uns einschiffen für eine unbekannte Zukunft, könnten wir Unterstützung finden in den Worten der ehemaligen deutschen Bundeskanzlerin Angela Merkel, die sie sprach, als sie ebenfalls vor einer großen Entscheidung stand: »Wir schaffen das«. Wir schaffen das, belassen wir es dabei. Yes we can, wenn nur der Wille dazu besteht.

Anhang
Hirtentäschel
Über kleiner wachsen

Der folgende Text stammt aus dem sehr lesenswerten Buch des Biologen Willem Beekman, *Öffentliches Geheimnis. Lebensgeschichten eines Biologen.*[162] Darin zeigt er uns die wunderbaren Geheimnisse der Natur, die sich uns doch so offen zeigen, immer ausgehend von einem ganz konkreten Lebensphänomen, in diesem Fall dem Hirtentäschel. Dieses beschreibt er dann genauer und verbindet es mit Überlegungen zur Natur und zur menschlichen Existenz.

***

Jedes Land hat seine großen Dichter. Wir [Niederländer] haben Vondel, England hat Shakespeare, Deutschland hat Goethe. Die kennen wir alle. Und Japan hat Basho. Bei uns ist er nicht so bekannt, aber in Japan ist er eine Legende.

Matsuo Basho (1644–1694) war ein Zen-Buddhist, Schriftsteller, Philosoph und Dichter, der vor allem für seine Haikus bekannt ist, eine Gedichtform, die er miterfand. Er schrieb viele Haikus und dies ist eines von ihnen:

> durch Sommerregen
> sind die Kranichbeine
> kürzer geworden

---

[162] Textauszug aus Willem Beekman, *Openbaar geheim. Levensverhalen opgetekend door een bioloog* (Öffentliches Geheimnis. Lebensgeschichten aufgezeichnet von einem Biologen), Christofoor, Zeist/NL 2020. Wiederabdruck mit Erlaubnis des Autors und des Verlags.

Immer drei Zeilen, mit fünf Silben in der ersten, sieben in der zweiten und wieder fünf in der dritten Zeile. Ganz streng muss das nicht sein, aber meistens wird dies als Regel beibehalten.

Viele Geschichten kursieren über Basho, und in einer von ihnen wird er von einem jungen Mann von etwa achtzehn Jahren aufgesucht, der den großen Philosophen um weisen Rat bittet. Er will nämlich wissen, was die Essenz des Lebens ist, und Meister Basho wird es sicher wissen. Damit wird der Junge seinen Altersgenossen schon weit voraus sein, glaubt er. Auf dem Gipfel des Hügels angekommen, stellt er dem Zen-Mönch seine Frage. Basho denkt tief nach, darin ist er gut. Sein ganzes Leben lang hat er nachgedacht, gelehrte Bücher, weise Gedichte und packende Haikus geschrieben. Jetzt wird er herausgefordert, die Früchte seines ganzen Lebens in einer Rede an den jungen Mann zusammenzuballen. Doch dieser braucht gar keine lange Rede, denn er hat es eilig. Schließlich wartet die Welt auf ihn, und lange Geschichten sind für später, wenn man alt ist. Nein, wenn Meister Basho seine Weisheit nur in einem Satz zusammenfassen würde!

Der Mönch schließt die Augen, denkt nach, und vielleicht denkt er auch: »Ich kriege dich schon noch, junger Mann, mit deiner Ungeduld!« Dann spricht er das folgende Haiku:

wenn man genau hinsieht
blüht ein Hirtentäschel
unter dem Zaun!

Das war's, hier drückte Basho seine tiefste Weisheit aus. Dies wurde vom Meister selbst in seiner Autobiographie als wahre Geschichte gekennzeichnet, er meinte es also wirklich ernst, hier stand die höchste Wahrheit.

Offensichtlich ist der junge Mann tief enttäuscht. »Ist das alles?«, kann man ihn denken hören. »Bin ich dafür den ganzen Weg den Berg hinaufgestiegen, um mir das Gefasel dieses senilen alten Mannes anzuhören? Hirtentäschel, puh!«

Die Weisheit ist nichts für den Jungen, und er kehrt in die belebte Welt zurück. Doch etwas nagt an ihm. Schließlich ist es Meister Basho, der gesprochen hat, und nicht irgendwer. Würde er sich nicht einen Augenblick nach dem Hirtentäschel umschauen? Schließlich kann man nie wissen (siehe die Illustrationen).

Und so kniet der junge Mann im Gras neben einem Zaun, wo das Unkraut wächst. Es ist ein überschüssiger Streifen Niemandsland, wo sich das Hirtentäschel zu Hause fühlt. Er räumt mit seinen Händen einen Platz um eine Pflanze und schaut genau hin. Zuerst bemerkt er nichts, aber nach und nach sieht er mehr und mehr und plötzlich sieht er es. Meister Basho hat also doch recht, es ist ein Wunder! Denn was hat er gesehen?

Hier halte ich einen Moment inne, um etwas über Pflanzen und ihr Wachstum zu zeigen, was nur wenige Menschen wissen. Sogar während meines Biologiestudiums kam es kaum zur Sprache, und die meisten Biologen wissen es nicht. Es handelt sich um ein Phänomen, das Metamorphose genannt wird, in diesem Fall Blattmetamorphose, und es wurde ausführlich und zum ersten Mal beschrieben von J.W. Goethe (1749–1832) in seinem Buch *Die Metamorphose der Pflanzen*.

Als Beispiel habe ich eine Pflanze gewählt, die das gleiche Phänomen wie das Hirtentäschel aufweist, aber etwas schöner und aufschlussreicher. Sie wächst auch in der gleichen Umgebung wie das Hirtentäschel, so dass man sie oft brüderlich nebeneinander findet. Hier sehen Sie das Kleine Kreuzkraut (*Senecio vulgaris*), ein Mitglied der Familie der Korbblütler, das als Unkraut sehr verbreitet ist. In Gärten und auf Feldern wächst und blüht es das ganze Jahr über. Man kann es leicht aus dem Boden ziehen, aber es kann hartnäckig immer wieder auftauchen.

Viele Kräuter weisen eine Metamorphose auf, aber die Voraussetzung ist, dass sie eine gestreute Blattstellung besitzen. Dabei sind die Blätter einzeln in einer Spirale am Stängel angeordnet. Glücklicherweise ist dies die häufigste Blattstellung, so dass man viele Beispiele in der Natur finden kann. (…).

Beim Hirtentäschel liegen die meisten Blätter in einer flachen Spirale auf dem Boden und bilden eine Rosette. Hier ist die Metamorphose leicht zu erkennen, aber man muss in der Lage sein, alle Blätter zu finden, und die meisten von ihnen sind bereits verdaut oder von Tieren gefressen worden. Ganz anders ist die Situation bei dem Kleinen Kreuzkraut: Hier wachsen die Blätter von Anfang an am Stengel entlang und bleiben oft unversehrt.

Hier können Sie sehen, wie die Blätter entlang des Stengels angeordnet sind. Um das Bild so klar wie möglich zu gestalten, wurden der Hauptstamm und alle Seitenstengel sowie die Blüten weggelassen. Würde man dies mit dem Hirtentäschel tun, wären normalerweise die unteren Blätter weg und kann man die Metamorphose nicht in ihrer ganzen Pracht sehen.

Die Blätter wurden zunächst getrocknet, dann fotokopiert und schließlich mit schwarzer Tinte nachgearbeitet, um die Umrisse so deutlich wie möglich zu machen. Die kleine Pflanze stand in voller Blüte, als ich sie pflückte. Das ist wichtig, denn dann ist das Wachstum der Blätter abgeschlossen. Alle Blätter, die Sie sehen, sind also voll ausgewachsen und werden ihre Form nicht mehr verändern. Um die Metamorphose noch deutlicher zu machen, habe ich die Blätter in einem Kreis angeordnet (siehe nächste Abbildung).

Das Blatt unten links ist am dichtesten am Boden entstanden, das Blatt unten rechts ist das oberste am Stiel und bereits Teil des Blütentriebs. Alle anderen Blätter liegen in der Reihenfolge dazwischen. Insgesamt gibt es 16 Blätter an dieser Pflanze, aber das kann von Exemplar zu Exemplar stark variieren.

Das erste Blatt ist klein, und das letzte ist es auch. Dazwischen geschieht etwas, was Goethe Ausdehnung und Zusammenziehung nennt. Die Blätter werden erst größer und dann wieder kleiner. Aber es geschieht noch mehr, denn die Blätter verändern auch ihre Form. Die ersten sind noch rundlich und wenig eingeschnitten, aber nach und nach werden die Blätter länger und bekommen immer deutlichere Einschnitte. Außerdem geht der anfangs vorhandene Blattstiel allmählich verloren, und ab der Hälfte sind die Blätter ungestielt. Sie sind »sitzend«. Man könnte sagen, dass sich auf halber Höhe, etwa beim achten Blatt, die ausgeprägteste Form herausgebildet hat. Das sieht sogar ein bisschen aus wie ein kleiner Baum. Als ich noch Biologie unterrichtete, kam einmal eine Studentin zu mir, um mich zu testen. Aus Spaß hatte sie nur das unterste Blatt gepflückt und fragte, von welcher Pflanze es stamme. Davon hatte ich natürlich keine Ahnung, denn das kann man nicht machen. Auch mit dem letzten Blatt ist das nicht machbar. Aber wenn man eines der mittleren Blätter pflückt, ruft jeder Pflanzenkenner sofort: »Kreuzkraut!« In dieser Hochform drückt sich die Pflanze also am deutlichsten aus.

Darin liegt eine schöne Parallele zur menschlichen Welt. Wir kommen als Babys auf die Welt, die noch wenig eigenen Ausdruck haben, obwohl ich nicht so weit gehen möchte, zu behaupten, dass alle Babys gleich aussehen. Allmählich kommt mehr und mehr Individualität in unsere körperliche Erscheinung, und erst in der Pubertät zeigen wir voll und ganz, wie wir als Erwachsene aussehen werden. Und ungefähr in unseren Dreißigern haben wir unsere ausgeprägteste Form und unseren stärksten Ausdruck gefunden. Das ist das Alter, in dem wir unsere Karriere aufbauen und unsere Talente voll ausschöpfen. Der Abbau ist noch nicht weit fortgeschritten, und das äußere Erscheinungsbild ist oft stark und imposant. Gegen Ende unseres Lebens lassen die Funktionen etwas nach, ebenso wie die äußere Form, und wir beginnen, uns immer ähnlicher zu werden. Ältere Menschen sind oft kein Schatten mehr der starken Persönlichkeiten, die sie einmal waren.

Zurück zur Metamorphose. Auf halber Strecke ist deutlich zu erkennen, dass die Blätter sozusagen in den Stengel hineingeschoben werden, der Blattstiel ist verschwunden und die Form zieht sich zurück. Es sieht aus wie eine Einkehr nach der starken Phase der Expansion. Hier ist Reifung der Fall, in der ersten Phase Wachstum. Und das hat auch einen klaren Bezug zu unserem Leben, wo die erste Phase auf Expansion und die zweite Phase auf Reifung ausgerichtet ist. Wachstum und Reifung sind die beiden Pole dieses pflanzlichen Prozesses, der auch beim Menschen zu finden ist.

In meiner Coaching-Praxis habe ich oft Menschen in ihren Dreißigern und jungen Vierzigern interviewt. Sie konnten aus erster Hand erfahren, was es bedeutet, die Wachstumsphase in eine Reifephase umwandeln zu müssen. Schließlich geschieht dies auf ziemlich schmerzhafte Weise. Die Pflanze tut dies scheinbar sorglos, aber in unserer Seele ist diese Umkehrung mit viel Mühe und manchmal auch Leid verbunden. Denn was ist der Fall? Wenn die ersten Jobs der Vergangenheit angehören, die Familie im Aufbau ist, Haus und anderes Zubehör in Besitz genommen wurden, gibt es viel zu tragen. Erwartungen müssen erfüllt, Hypotheken bezahlt werden, und die Ausgaben für die wachsende Familie sind beträchtlich. Sport muss getrieben werden, Freundschaften müssen unterhalten werden, die Familie auch, und Bildung ist immer notwendig. Zu Sex kommt es oft nicht mehr, und das Leben ist zu einem überfüllten Geschäft geworden. Ich nenne das die Packesel-Phase. Eine Zeit lang geht es gut, aber dann brechen manche Menschen trotzdem zusammen. Der Betriebsarzt diagnostiziert Burnout. Dann kommt eine Phase der Neuorientierung, in der alte Werte langsam neuen weichen. Die alten Werte sind mehr auf Besitz, auf Status, auf Macht und Position, kurz auf Wachstum ausgerichtet. Man will alles haben, was die Welt zu bieten hat, und manchmal muss es auch sofort und schnell gehen, weil es mir zusteht. So habe ich es schon oft gehört.

Bei den neuen Werten geht es um Tiefe, um grundlegend menschliche Werte wie Verständnis, Empathie und Liebe, Hingabe, Resignation und Loslassen, um nur einige zu nennen. Und dann, ganz langsam, können die Früchte all dessen zum Vorschein kommen und die Erkenntnis, dass all die Äußerlichkeiten nicht so wichtig sind. Reifung, mit anderen Worten.

Ich erzählte diese Geschichte der Pflanzenmetamorphose, die somit auch eine Parallelgeschichte der menschlichen Metamorphose ist, einer Gruppe von Ökonomen. Jemand aus dem Publikum stand auf und rief mit Verzweiflung in der Stimme: »Aber das ist kleiner wachsen!« Er hatte genau getroffen, worum es ging. Ökonomen tun sich damit sehr schwer, denn sie haben gelernt, dass Wachstum sein muss. Das ist so ziemlich die Grundlektion eines jeden Wirtschaftsstudenten, denn wenn es kein Wachstum gibt, gibt es Stagnation oder Niedergang, und hüte dich dann. Dieses Glaubensbekenntnis, fast ein Dogma der Wirtschaftswissenschaften, wird durch die Pflanze ernsthaft erschüttert. Ich finde es ganz bemerkenswert, dass gerade die Wesen, die das Wachstum in der Welt erfunden haben, die Pflanzen, zeigen, dass das Wachstum bis zu einem bestimmten Punkt gehen muss, aber danach wird Reifung sehr wichtig und muss man aufhören zu wachsen. Also muss man anfangen, kleiner zu wachsen. Stellen Sie sich vor, eine Pflanze wüsste das nicht. Dann würde das Wachsen nicht mehr aufhören, die Blätter würden immer größer werden und die Pflanze würde am Wachstum zugrundegehen, auch weil ihr die Ressourcen fehlen, um alles zu erhalten. Das ist genau das, was wir dem Planeten Erde gerade antun, und so können wir von den Pflanzen lernen, wie man es anders machen kann.

Denn warum tut eine Pflanze das? Weil sie blühen will, um die nächste Phase ihrer Existenz einzuläuten. Dann kann der Samen kommen und die Fortpflanzung ist gesichert. Ich habe versucht, dies in einem Satz zusammenzufassen, und er lautet:

> »Kleiner wachsen macht blühen«.

Und das meine ich dann im doppelten Sinne: für die Pflanzen, dass sie sich schließlich durch Frucht und Samen in der Welt verbreiten können, und für den Menschen, um nach innen zu schauen und dort die Frucht unserer Entwicklung zu suchen und sie der Welt zu geben.

Ich glaube, Basho wusste das alles nicht so ganz, aber vielleicht hat er es tief gespürt, als er sein Haiku schrieb. Denn letztlich handelt es sich in seinem Haiku um sehr grundlegende Vorgänge in Mensch und Natur, und sie können nur so unter einem Zaun gefunden werden. Wenn man es nur sehen will. Öffentliches Geheimnis.

Kurze Bibliographie

Achterhuis, H., *Het rijk van de schaarste, van Thomas Hobbes tot Michel Foucault* [Das Reich der Knappheit, von Thomas Hobbes bis Michel Foucault], Ambo, Baarn 1988.

Bauer, R., *De ontvoering van God* [Die Entführung Gottes], Davidsfonds, Leuven 2009.

Beekman, W., *Openbaar geheimenis. Levensverhalen van een bioloog* [Öffentliches Geheimnis. Lebensgeschichten eines Biologen], Christofoor, Zeist 2020.

Berger, P., *Pyramids of Sacrifice. Political Ethics and Social Change*, Penguin, Harmondsworth, Middlesex 1977.

Diamond, J., *Collapse – How Societies Choose to Fail or Succeed*, Allan Lane, London 2004.

Dijksterhuis, E.J., *Die Mechanisierung des Weltbildes*, Springer, Berlin 1956.

Dürr, H.-P. (Hg.), *Physik und Transzendenz. Die grofien Physiker unseres Jahrhunderts über ihre Begegnung mit dem Wunderbaren*, Scherz, Bern/ München/ Wien 1986.

Einstein, A., *Mein Weltbild*, Ullstein, Frankfurt a.M. 1956.

Fromm, E., *Haben oder Sein. Die seelischen Grundlagen einer neuen Gesellschaft*, dtv, München 1980.

Frankl, V., *Der Mensch vor der Frage nach dem Sinn*, Piper, München 1985.

Jaspers, K., *Philosophie*, Bd. I, Springer, Berlin 19563.

Joas, H., *Die Macht des Heiligen. Eine Alternative zur Geschichte der Entzauberung*, Suhrkamp, Berlin 2017.

Jonas, H., *Das Prinzip Leben. Ansätze zu einer philosophischen Biologie*, Suhrkamp, Frankfurt a.M. 1979.

Jonas, H., *Philosophische Untersuchungen und metaphysische Vermutungen*, Insel, Frankfurt a.M. 1992.

Kant, I., Kritik der reinen Vernunft, *Kants gesammelte Schriften*, Akad.-Ausgabe, Bd. III/IV, Berlin 1903/1904.

Kant, I., Prolegomena zu einer jeden Metaphysik, die als Wissenschaft wird auftreten können, *Ibid.*, Bd. IV, 1903.

Kant, I., Opus postumum, *Ibid..*, Bd. XXII, 1936.

Kauffman, St., *At Home in the Universe. The Search for the Laws of Self-Organisation and Complexity,* OUP, New York/Oxford 1995.

Koyré, A., *From the Closed World to the Infinite Universe,* Harper, New York 1958. 1996[6].

Marx, W., *Gibt es auf Erden ein Maß?* Meiner-Verlag, Frankfurt a.M. 1986.

Martin, von, A., *Nietzsche und Burckhardt. Zwei geistige Welten im Dialog,* Erasmus-Verlag, München 1947[4].

Meadows, D. et al, *The Limits of Growth,* Rom 1972.

Merleau-Ponty, M., *Phénoménologie de la perception,* Gallimard, Paris 1945.

Nietzsche, Fr., Jenseits von Gut und Böse, in: *Werke in drei* Bänden (hrsgg. von K. Schlechta), Hanser, München 1956.

Noels, G., *Gigantisme,van too big to fail naar trager, kleiner en menselijker,* [Gigantismus, von »too big to fail« zu langsamer, kleiner und menschlicher], Lannoo, Tielt 2019.

Pascal, B., *Gedanken,* übersetzt, herausgegeben und eingeleitet von Ewald Wasmuth, Reclam, Stuttgart 1980

Pieper, J., *Unaustrinkbares Licht,* Kösel, München 1963.

Pieper, J., *Zucht und Maß,* Kösel, München 19649.

Plessner, H., *Die Stufen des Organischen und der Mensch,* De Gruyter, Berlin/Leipzig 1928.

Polanyi, M., *Personal Knowledge. Towards a Postcritical Philosophy,* The University of Chicago Press, Chicago 1958.

Staehelin, B., *Haben und Sein. Vom Wesen der zweiten Wirklichkeit der Natur jedes Menschen,* Siebenstern, Zürich 1969.

Taylor, Ch., *Sources of the Self. The Making of the Modern Identity,* CUP, Cambridge 1989.

Wal, van der, K., »Technology and the Ecological Crisis«, in: W. Zweers & Jan J. Boersema (eds.), *Technology, Ecology and Culture. Essays in Environmental Philosophy,* White Horse Press, Cambridge 1994, 215sqq.

Wal, van der, K., *Die Umkehrung der Welt. Über den Verlust von Umwelt, Gemeinschaft und Sinn,* Königshauen & Neumann, Würzburg 2004.

Wal, van der, K., *Die Wirklichkeit aus neuer Sicht. Für eine andere Naturphilosophie,* Springer, Wiesbaden 2017.

Wal, van der, K., *Philosophie und Spiritualität. Wiederaufnahme einer ursprünglichen Beziehung,* Verlag Karl Alber, Baden-Baden 2023.

Wal, van der, K. & Bob Goudzwaard (Hrsg.), *Van grenzen weten. Aanzetten tot een nieuw denken over duurzaamheid* [Um Grenzen wissen. Ansätze zu einem neuen Denken über Nachahltigkeit], Damon, Budel 2006.

Weber, M., »Wissenschaft als Beruf«, in: id., *Soziologie, Weltgeschichtliche Analysen, Politik,* Kröner, Stuttgart 1956.

Kolibri 360 GmbH
Ferdinand-Jühlke-Straße 7
99095 Erfurt, Deutschland
produktsicherheit@kolibri360.de